自愈力

How to Do the Work
Recognize Your Patterns, Heal from Your Past,
and Create Your Self

〔美〕妮可·勒佩拉 (Nicole LePera) 著

莫茴 译

中信出版集团 | 北京

图书在版编目（CIP）数据

自愈力 /（美）妮可·勒佩拉著；莫茵译. -- 北京：
中信出版社，2022.5
书名原文：How to Do the Work
ISBN 978-7-5217-4131-5

Ⅰ.①自… Ⅱ.①妮… ②莫… Ⅲ.①心理学－通俗
读物 Ⅳ.① B84-49

中国版本图书馆 CIP 数据核字（2022）第 042133 号

自愈力
著者： ［美］妮可·勒佩拉
译者： 莫茵
出版发行：中信出版集团股份有限公司
（北京市朝阳区惠新东街甲 4 号富盛大厦 2 座 邮编 100029）

承印者： 宝蕾元仁浩（天津）印刷有限公司

开本：880mm×1230mm 1/32　　印张：10　　　字数：224 千字
版次：2022 年 5 月第 1 版　　　　印次：2022 年 5 月第 1 次印刷
京权图字：01-2022-1653　　　　　书号：ISBN 978-7-5217-4131-5
定价：69.00 元

服务热线：400-600-8099
投稿邮箱：author@citicpub.com

献给洛里

她在我能看见自己之前就看见了我

献给每一位读者

我看见你了

作者的话

古往今来，那些超越了人类经验的种种疗愈方法经由不同的媒介保存下来并流传至今。古有赫耳墨斯派的神秘炼金术，今有现代神秘主义者如乔治·葛吉夫，这些都敦促探索者获得更高层次的觉知，进而更深切地参与和感受这个世界。今天，在反种族主义教育里，在对社会系统性压迫必要的解构过程中，以及像十二步计划这样的康复疗法中，我们也能看到类似的思想。

在所有这些方法中反复出现的，以及本书将阐述和坚持的，正是培养对自我以及我们在社会集体中所处位置的洞见。

本书的目的是帮助读者理解身心之间复杂的关联性，基于此提出方法供读者加之利用。

本书将有助于读者与自身、他人以及社会构建更深入、更真实、更有意义的关系。

以下是我的自我疗愈旅程，希望它能激励并帮助你发现自己的疗愈之旅。

目　录

灵魂的至暗时刻

诗人和神秘主义者似乎总能在某个神圣的地方获得超然的觉醒：在面向大海的山顶上，在潺潺的小溪边，在燃烧的灌木丛旁。我的觉醒故事则发生在树林里的一间小木屋中，当时我正对着一碗燕麦糊无法抑制地啜泣。

那是一次计划好的度假，我和伴侣洛里从费城的高压城市生活中短暂地解脱出来，来到纽约北部。

我吃着早餐，读着一本新的心理学著作（这类书籍就是我的"海滩读物"），书的主题是母亲与孩子的情感疏离。我读那本书是为了补充我的专业知识（至少我是这样认为的），阅读过程却引发了让我意想不到并且困惑的情绪反应。

"你看起来筋疲力尽了，"我的伴侣洛里说，"你需要后退一步，放松一下。"

我拒绝了这个提议，我不相信我的感受和经历会是独一无二的。我从许多客户和朋友那里都听到过类似的抱怨。谁不是早起一看到新的日程安排就感到恐惧？谁不会在工作的时候无法克制地分心？谁不是或多或少地总能感受到与所爱之人之间的疏离？有谁能真挚地说自己不是为了假期才辛苦地硬扛着过完每一个工作日的？这不正是长大之后一定会发生的事吗？

当时，我刚过完 30 岁生日，回顾以往的生活，我心想："就这样了吗？"尽管坦白地说，我已经实现了许多儿时的梦想——我生活在自己选择的城市里，经营着自己的私人诊所，找到了合适的伴侣，但我仍感到，从根本上来看，我的生命中缺失了一些必要的部分，或者说它们从未存在过。在经历了多年情感上的孤独后，我终于遇到了一个感觉对的人——洛里，只因她和我完全不同。我犹豫不决，并且时常不太投入；而洛里充满激情、态度笃定，她经常以令我兴奋的方式激励着我。我本应感到很快乐，或者至少应感到满足，然而，我真正感受到的却是与自我的疏离，没有一丝情绪起伏——我感到很空虚。

更糟的是，我还有一些健康问题，而且这些生理上的症状已经严重到让我无法忽视的地步。比如脑雾，它不仅会让我时常忘记要说的话，还会让我的大脑进入一种完全空白的状态，最让我苦恼的是，它还在我接诊时发作过几次。除此之外还有困扰了我很多年的肠胃问题，这些都影响了我的正常生活，让我感到身体沉重，迈不动步子。有一天，我突然晕倒在一个朋友的家里，并陷入无意识状态，大家都吓坏了。

就这样，我坐在宁静的木屋中的一把摇椅上，手捧一碗燕麦糊，与突如其来的空虚感撞了个满怀。我感到自己的精力完全被生活耗尽，深陷于对生存的绝望感之中，我为那些我接诊过却仍无法在生活中有所改变和进展的客户感到沮丧，为我在追求自我关怀和他人的关怀方面的局限性感到愤怒，我被体内肆意流动

自愈力

着的懒散感和不满情绪压抑着，这些使我开始怀疑生活中的一切到底有没有意义。当我置身于喧嚣的都市生活中时，我可以将所有精力用来打扫厨房、遛狗、制订没完没了的计划，以掩盖涌上心头的不安情绪。只要有事可做就行。如果你不清楚我的实际情况，你可能会因此佩服我的执行效率，但只要你对我的了解再深入一点，你就会明白我的行动力只是为了分散自己的注意力，让它从那些根深蒂固且无法消解的感受上转移开来。而当我身处这片宁静的树林中时，除了阅读这本讨论童年创伤的持久性影响的书之外，我无事可做，我无法继续逃避了。这本书揭露了我内心长期压抑着的对于母亲和家庭的感受，它像一面镜子，我正对着镜面，赤身裸体，并无分心，我对我的所见深感不适。

当我更加诚实地审视自己，我能轻易地看到自身存在的很多问题——同样的问题我也曾在母亲的生活中目睹过，尤其是对待自己身体和情感的方式那部分。我目睹过她在许多方面的挣扎：身体上，她常年经受着膝盖和背部的疼痛；心理上，她频繁地与自己的焦虑和担忧做斗争。当然，我慢慢长大，渐渐形成了很多与母亲不同的地方。我总将保持身体健康当作生活中的首要任务，我坚持锻炼，坚持健康饮食。我甚至在二十出头的时候在禁猎区内同一头牛交上了朋友，并因此成为一名素食主义者，因为我再也无法想象人怎么可以去吃任何动物。当然，在那之后，我饮食中的主要部分是过度加工的素肉和纯素垃圾食品（其中纯素费城奶酪牛排是我的最爱）。从那时起，我开始在意被我吃掉的东西。酒精是个例外，我还是无法放弃饮酒。我有时还会强迫性地将这种对于饮食的在意发挥到极致，努力约束自己，不让自己从饮食中得到任何乐趣。

我总认为我和母亲谈不上任何相似，但随着这些身体和情绪问题波及我的正常生活，我意识到是时候开始重新思考这些问题了，而这一认知让我情不自禁地对着那碗热麦片糊啜泣起来。就在这个悲伤得甚至有点儿可怜的场景下，我觉察到，这种真实的情绪流露对我来说极不寻常，它超出了我典型的性格范畴，以至于我无法忽视这一灵魂信号，它尖叫着寻求我的注意。我在宁静的林间小屋中无处可躲，是时候直面我的遭遇、痛苦、创伤，以及真实的自我了。

如今的我将这次经历称作灵魂的至暗时刻、人生的谷底。跌入谷底的过程像极了死亡，对一些人来说，这个过程真的能把人折磨得只剩下最后一口气。当然，死亡是重生的前提，在这之后，我下定决心要找出症结所在。至暗时刻给我的生活带来了光明，暴露出太多我曾亲手埋葬的自我。突然间我觉悟了：我需要踏上改变的旅程。当时的我并未意识到这个想法会将我引向内在的觉醒，最终甚至还推动了一场跨国界的自我疗愈之旅。

我首先将目光集中在我认为亟须解决的身体问题上。我开始评估自身身体状况：我是如何生病的？相关病理表现是什么？直觉告诉我，身体康复得从营养和运动开始。我理所当然地找来洛里帮忙，她就是帮助我自我提升的能量源，让我能正视自己曾经是如何摧残自己的身体的。她负责督促我早起，将哑铃强塞到我手里，强迫我每天都有意识地运动。我们还深入了解了营养学的相关研究，了解完才发现我们关于"什么是健康"的许多想法都值得商榷。此外，我们开始了一项每日晨间仪式——进行呼吸疗法和冥想。一开始我不情不愿，其间也有间断的日子，我掉过眼泪，体验过肌肉的酸痛和灵魂的挣扎，还想过放弃，但几个月后，这个新习惯终归养成了。我开始喜欢上它，身体和心理都达到了最佳状态。

随着身体状态渐入佳境，我开始质疑许多对于曾经的我来说不言而喻的真理。对于心理健康，我也有了新的认知——我意识到在一些情况下，疾病和失调不过是身心脱节的外在表现。我发现基因并不能决定我们的命运，改变的权利一直都在我们自己的手中。要想达成改变，我们必须有意识地去观察自己的思维模式和行为习惯，这些模式和习惯都是在我们在意的人和在意我们的人的影响下形成的。我还认识到"创伤"一词应该拥有更新和更广的定义，应该包含人在孩提时期的压力场景下和负面经历中遭受到的作用于神经系统的深层次精神影响。我意识到了自己亟待解决的童年创伤——事实上，这些创伤一直都在影响着我。

我领悟到的东西越多，我就越能将所学整合到不断做出的日常选择之中。日复一日，我适应了日常习惯的改变，生活也随之开始发生转变。身体状况的逐渐好转让我的疗愈之旅越发深入，我将多年积累的临床经验融入自我整合的建构之中：我找到了我的内在小孩，并且学会了如何重塑；我检视了已挟持自己多年的创伤，学会了设定界限的方法；在与世界的关系上，我开始以一种我从未意识到的成熟的情绪与世界建立联结。这一切对于此前的我来说都是无法想象的。我意识到这些疗愈成果并不止于内在，相反，它会投射到与我相关的每一段人际关系中，扩展到更大的社会团体关系中。本书试图传递的就是对身心健康状态的启示性理解，这也是建构整体心理学的基本原则。

在我写下这些文字之时，我的自我疗愈之旅仍在继续。我从前的焦虑和恐慌症状已经基本根除，我不再被动地与世界进行联结，我拥有了更深的觉知力和共情力。我开始感受到与所爱之人于每个当下的联结，也开始有能力与那些无法与我产生正向互动的人划清界限，这种觉知感对于成年后的我来说还是第一次。当我在小木屋中感到人生已经跌到谷底时，我没有想到自己会迎来这么一天。如今我才明了，幸亏我曾跌入绝望的深渊，否则这本书根本就不可能出现在你的面前。

2018 年，我创建了"整体心理学家"（The Holistic Psychologist）网站，目的是将自己创建的自我疗愈法与他人分享——我已将其视为我的使命。在我分享自己的故事后不久，我的收件箱就挤满了关于创伤、疗愈和情绪韧性的求助信息。许多人在整体疗愈法的观点上与我产生了共鸣，这种共鸣跨越了年龄和文化背景的界限。如今这个网站上的关注者已经超过 300 万，他们都是自我疗愈者，都在积极主动地为自己的身心健康努力着，而支持这个群体也已然成为我毕生的追求。

一年后，为了纪念这个项目的成功，感谢一直参与疗愈和支持我的社群成员，并庆祝我们携手走过的自我疗愈之旅，我在西海岸举办了一场"内在小孩冥想活动"。我提前搜索了威尼斯海滩的位置，随手敲定了聚会地点，将活动信息发布至社交媒体并提供免费门票，我祈祷着人们会感兴趣。结果，几个小时之内就有 3000 人报名，我简直不敢相信。

当我置身于威尼斯海滩，感受着热烈的阳光时，慢跑的人和其他南加州人从我身边经过，我望向轻轻拍岸的海浪，脚底沙粒的温暖和被海水打湿的头发的冰冷，使我清醒敏锐地感知到自身在时空中的位置——我就在当下，内心充满活力。我双手合十，试图想象出席这场活动的每一个非凡个体各自的人生旅程。我扫视着人群，很快被那么多双眼睛盯得有点儿无所适从（我向来讨厌成为人们关注的焦点）。然后我说道：

"大家的到来并不是偶然，大家的到来全因内心对疗愈自我的渴求，对活出最好的自己的渴望。你们应该为自己有这样的想法而喝彩。因为彼此的过去，我们相聚于此。今天，我们选择从过去中疗愈自己，选择创造一个新的未来。

"此刻你感受到的真实来源于你的直觉。直觉一直与你同在，只是我们已经习惯了不去聆听和相信它。各位今天的到场，就是重获那已然丢失的自我信任能力的第一步。"

就在我说着这段话的同时，我的目光落在了人群中一个陌生人的身上。她的手放在心脏的位置，对我微笑着，仿佛在说"谢谢"。突然，泪水涌入了眼眶。我哭了，但这眼泪与当年对着那碗燕麦糊时落下的泪水不一样。这是爱的泪水，是感到自己被接纳的泪水，是喜悦的泪水，是疗愈的泪水。

并不是只有僧侣、神秘主义者和诗人才能获得那神秘的觉知体验，我就是一个例子。觉知体验不仅是有灵性的人独有的，它是为我们每一个想要改变，渴望疗愈、成长和闪耀的人存在的。

当你的意识觉醒时，一切皆有可能。

找回直觉的声音

　　整体心理学是通过打破消极模式、治愈过去，并创建意识自我，以获得身心健康的理论。本书就是整体心理学的实证。

　　整体心理学关注身体和心灵，旨在帮助人们重获身体和神经系统的平衡，并治愈人们未解决的情感创伤。它能够给你力量，将自己打造为最真实的自我。整体心理学从一个全新的、令人兴奋的角度告诉我们，那些生理和心理症状只是身体向你发出的信号，你只需要根据信号的指引有所行动，就能解决这些问题。整体心理学能够从根源上解决慢性疼痛、压力、疲劳、焦虑、肠道失调和神经系统失衡等问题——长期以来这些症状都因传统西医的错漏或忽视而未能得到解决。它还能向你解释很多人感觉人生处于困滞、疏离或迷失状态的原因，也是一个帮助你养成新习惯、了解他人行为的实用工具，它让你相信"我的价值由我且仅由我自己决定"。如果你每天都能花些时间进行自我疗愈，总有一天你会对镜中的自己充满赞叹。

　　整体疗愈法包括以下方法：身体训练（呼吸练习和身体运

动）、心理训练（改变你与现有思维和过往经历的关系）、心灵训练（联结真实的自我和更大的集体）。以上所有方法均有助于自我疗愈，因为身心相互关联。整体心理学之所以奏效，不仅是因为它基于表观遗传学，还因为我们的行为能对自身心理产生远比我们想象中还要大得多的影响。疗愈的过程是一个唤醒觉知的过程，是可以通过改变日常生活习惯和行为模式达成的。

许多人都只是在无意识状态下生活着，把大脑设置为"自动导航"模式，只会做出自动化、习惯性行为。这些行为不能帮助我们在人生旅途中更进一步，也并没有真实地反映我们的本质和内在渴望。整体心理学的训练将帮助我们与内在导航系统重新联结，这种联结的断裂源于我们在幼儿时期养成的条件反射型行为模式。整体心理学帮助我们找回直觉的声音，并重新信任直觉，让我们有能力摆脱已有的"人格"，使自我意识觉醒。

通过阅读本书，你将获得关于身心平衡新的整合性思路和相关范式。需要强调的是，我并不主张摒弃传统心理学模式，也不认为传统心理治疗和其他治疗方法没有价值。恰恰相反，我认为对于内在疗愈和外在健康有效且综合的整合性思路，正是从心理学、神经科学，以及正念和精神实践等治疗方式中汲取了许多养分。书中记录的一些方法或许能够与你产生共鸣，最重要的是你要找到最适合自身的疗愈方式，更深入地与自身直觉和真实的自我联结。

学习自我疗愈的本质就是学会自我赋权。自我疗愈不仅是可能的，它更是我们作为人类固有的能力。每个人的独立个体性决定了除你之外，其他人不可能真正知道对你来说什么是最好的。但现实问题是，高质量的医疗，特别是高质量的心理治疗，对于

自愈力

大多数人来说都遥不可及。我们赖以生存的这个世界，在资源分配上存在着严重的失衡，我们生活的地区、我们的外貌以及出身背景，都限制着我们获取资源的途径。即使是对于那些能够满足自身所有需要的人来说，也常能遇到一个骇人而普遍的情况：医疗资源的分配是不公平的。即使我们有幸找到了一个真正有能力的医疗机构，我们还是会被有限的面谈时间制约。本书提供的是一个自我导向的学习模式，其中的信息和指南将帮助你开启自我疗愈，让你真正地理解自己的过去，去倾听、去观察，并从中学习，这是一个能够为你的生活带来深刻、持久的转变的过程，一个能让你的生活发生本质改变的过程。

本书分为三部分。

第一部分是全书的基础，帮助读者认清"意识自我"（conscious Self）的存在，唤醒思维中蕴含的能量，识别压力和童年创伤对身体系统的影响，进而帮助读者理解生理系统的失调如何在心理和情感层面上阻碍了自我发展。

第二部分将进一步探讨心智，了解意识和潜意识的运作机制，理解生活中父母式人物对我们的影响力有多大，理解与他们接触的过程如何塑造了我们大部分的思维和行为模式，并持续至今。基于此，读者将会找到自己的内在小孩。此外，这个部分还会探讨小我（ego）的故事，观察小我的保护机制如何使得我们不断重复着孩提时期经历的关系模式。

最后一部分是全书的精髓所在，读者将学习如何应用前文提及的知识达到情绪成熟，进而与他人实现真实的情感联结。没有人是一座孤岛，我们都是社会性动物，只有当我们展现真实自我时，才能与所爱之人建立起真正深厚的联结。正是基于这一观点，才衍生出了"我们"这一群体或者任何大于我们自身的集体的一体感。

书中还会穿插介绍整体心理学的实践方法指南，旨在为身处自我意识觉醒不同阶段的读者提供相应帮助。

这一切的转变始于你的意识自我，始于想要深入挖掘内在自我的渴求，始于理解改变并不容易，前路不一定平坦。自我疗愈之旅上没有捷径，这是一个很难接受的事实，对于那些相信凡事皆有捷径可走的人来说更是如此。在这里，我可以明确地告诉你：实现自我疗愈的唯一方式，就是通过日常习惯的积累来疗愈自我，任何人都不能帮你完成。当你刚开始主动踏上自我疗愈之旅时，你可能会因为新的日常生活而感到不适，甚至是害怕。但是，最终你会知道，认识自己到底是谁，以及自己拥有什么能力，不仅仅是自我赋权和自我变革的表现，还是人类可以拥有的最深刻的体验之一。

一些持续关注我的社交媒体账号的朋友形容过，我的工作就像是给真理包裹上美好而舒适的毯子，并传递给他人。我将这样的形容当作称赞，但我必须指出一个残酷的事实：通常来说，太舒适并不是什么好事。自我疗愈的过程往往困难重重，有时还会让人感到痛苦，甚至畏惧。自我疗愈意味着要完全放下长久以来阻碍你前进并对你造成伤害的那些过往，意味着要先剜去深植于你内心的一部分自我以实现重生。并非每个人都能自然产生自我疗愈的念头——一些人选择让自己的一部分身份建立在疾病上，一些人由于对未知和不可预测性的不适而害怕真正的健康状态，但这些都不要紧。事实上，经过自我疗愈，我们能够慢慢了解生活的真实模样，这只会让你感到宽慰和轻松，即使这个事实可能让现在的你感到胆怯。我们的心智本身就是一台对熟悉感上瘾的机器，在我们能够真正理解转变所带来的不适只是暂时的这一事实之前，熟悉感对于我们来说就是安全感。

你会知道自己将在何时准备好开启这段旅程，紧接着你也会怀疑自己、想要放弃。这时最重要的是坚持，要反复练习，直到它融入你的日常生活。最终，新的习惯可以增强你的自信，信心将带来改变，改变最终将促成变革。真正的自我疗愈仅与你个人有关，只有你能做到自我疗愈，外在的一切对于这趟旅程来说都是无关紧要的。

现在，我希望你能够迈出可能比想象中更为困难的第一步：试着去想象一个完全不同于现在的未来。闭上你的眼睛，当你能够想象出这个不同于现实的未来场景时，你就已经准备好了。如果你发现想象内心期盼的未来这个步骤对于目前的你来说还有些困难，也不必担心，因为出现这种状况的人绝对不在少数，这种心理障碍的背后有许多原因。请继续往下读。这本书正是为你而作，因为曾经的我就是这样的人。

现在，让我们开启这段自我疗愈的旅程吧。

第 1 章

开启自我疗愈之旅

以下场景是否似曾相识呢：新的一天开始了，你决心从这一天起改变自己的生活。你决定在接下来的日子里定期去健身，少吃加工食物，少用社交媒体，彻底与那个一团糟的前任断绝联系。你坚信这一次你一定能够坚持下去。但不久后，也许是几个小时，也许是几天，甚至几周后，你从精神上开始抗拒。你开始满脑子想着甜味气泡水，无力再去健身房，更糟糕的是，你可能还会强迫性地想要给某个前任发条信息闲聊几句。你听到脑海中一个声音极具说服力地恳求你回到之前的生活模式中去："你值得轻松地生活！"紧接着，你注意到了身体的疲惫感和沉重感，这些感觉压倒性地暗示你："是的，你已经无法承受更多了。"

作为一名研究人员兼临床心理医生，在我十余年的从业生涯中，拥有过类似遭遇的客户通常会用"被困住"这个词语来描述他们的感受。每个来咨询的客户的初衷都是寻求改变，他们设想的改变途径无非是内在的和外在的两种。内在的包括：学习和养成新的生活习惯和行为模式，找到停止厌恶自己的方法。外在的包括：改善与父母、配偶或同事之间存在一定问题的人际关系。许多人都想要（并且亟须）在两方面都加以改善。我接诊过的客户群体很广：有生活富足的，也有生活在贫困之中的；有受世人景仰、权势显赫的，也有偏离传统社会主流的。无论他们的背景如何，每位客户都无一例外地感到自己深陷于无益的行为习惯和可预见的糟糕生活轨迹中，这让他们感到孤独、疏离和绝望。他们大都会考虑别人如何看待深陷于这种不良生活状态中的自己，常常执着于别人看待他们的种种方式。他们中的大多数人都相信，这种无力改变的困滞状态反映了他们深层次的内在缺陷，或用他们自己的话说，是自己"没有价值"的证据。

在我的客户中，那些更有自我意识的人是能够辨别自己有问题的行为模式的，有些人甚至有能力构想出一条清晰的改变之路。但是，只有少数人能够迈出知行结合的第一步。那些知道应该怎样做却又本能地退回原本行为模式中去的客户常向我表达他们的愧疚感，他们感到惭愧，因为他们明知如何变好却无法做到，而这也是他们最终出现在我的办公室的原因。

通常来说，即使是我的介入实际上也收效甚微。对于我的大多数客户来说，每周 15 分钟的诊疗根本不足以帮助他们达成真正意义上的转变。有些人因为这反复却又难见成效的诊疗过程而直接放弃了心理治疗这条路，还有一些人尽管在面诊时间内是有收获的，但生活中的改变却来得迟缓而痛苦。有时在面诊过程中，双方都感到沟通似乎非常高效，然而第二周客户复诊时还是讲述着相同的故事，依然面对着一系列同样的问题。许多客户都会在面诊过程中展现出令人难以置信的洞见，有能力分析出所有阻碍他们前进的行为模式，但在生活中他们仍旧会本能地被熟悉感吸引。他们可以在反思时看清问题出在哪儿，却缺乏将这种洞见实时应用到当下生活中的能力。我还观察到那些有过深层次的变革性经历的人，比如那些参加了深度静修的人，也有着类似的行为轨迹，随着时间的推移，他们还是会重回本想摒弃或改进的行为模式中去。他们拥有了一段看似极具变革性的经历，紧接着却又发现自己仍然要面对无法向前迈进的事实，这直接引发了许多客户的危机感，让他们不得不思考："我到底是怎么了？为什么我无法改变？"

我意识到，常规的心理治疗和类似静修的体验对生活的帮助实际上都是非常有限的。要想实现真正的转变，我们必须在日常生活中有意训练自己正确抉择的能力。要想拥有健康的心理，我们应该积极投入自我疗愈，并将其融入日常生活。

随着我对这种情况的观察逐渐增多，我发现了一种普遍存在的沮丧感，甚至在我的朋友圈之外也是如此。我的许多朋友都有服用助眠、抗抑郁、抗焦虑类药物的习惯。他们当中的许多人并未被确诊任何心境障碍，但他们将许多症状转化成了另外一些较容易被接受的外在行为表现，比如超凡的工作能力、频繁旅行、重度使用社交媒体软件。这些人都是工作表现拔尖的人，是那种能在截止日期前数周就轻松完成任务的人，是那种能坚持全程跑完马拉松的人，是那种在高压之下还能有出色表现的人——我也是他们中的一员。

在我二十出头的时候，面对母亲严重的心脏病，惊恐症几乎发作的我接受过传统的心理治疗，因此我深知这种疗法的局限性。抗焦虑药物确实帮助我挺过了最艰难的时刻，但在这个过程中，我感觉到了超越年龄的倦怠感、疏离感和疲惫感。作为一名心理医生，理应是我帮助他人了解他们的内心世界，但渐渐地，我对自己感到陌生，甚至无力帮助自己走出困境。

我的成长经历

我出生于费城一个典型的中产阶级家庭，父亲有份朝九晚五的稳定工作，母亲是个全职主妇。我们每天早上七点吃早饭，下午五点半吃晚饭，我们认为"家庭就是一切"——在外人看来，我们一家人的行事作风很符合这句家训。我们像极了常规的美式中产阶级幸福家庭，以至于身在其中的我都差点儿信了。

事实却远非如此，我们的家族似乎先天多病——我的姐姐从小就开始与致命的健康问题周旋，我的母亲也常要忍受身体上如影随形的疼痛，有时还会因此不得不一连卧床数日。虽然家人们并没有公开谈论过母亲的身体情况，但我清楚这是怎么一回事，我明白母亲独自承受了很多，我知道她病了，我也了解她缺席很多场合只因她遭受着病痛。我还知道因为病情的影响，她很难集中注意力，并且患有慢性焦虑症。在所有这些压力之下，我的情感被忽视完全情有可原。

我在家中排行第三，也是最小的孩子，就像人们常说的那样，这个位置的小孩就是一个"幸福的意外"。我的姐姐和哥哥都比我年长很多，我出生时哥哥已经拥有投票权了，所以我与他们并没有太多共同经历。我的父母总是半开玩笑地和我说，我是神赐的孩子。我睡眠很好，几乎没给他们造成过什么麻烦，在外我也很少惹事。我很活泼，总是精力满满。很小的时候，我就明白，我应该在我擅长的事上表现得尽可能完美，这样就能减轻自己给他人带来的负担。

我的母亲不太善于表达自己的情感，我的家庭也不是一个喜欢用肢体语言表达爱意的家庭，家庭成员间的身体接触极少。在我的童年记忆中，"我爱你"这样的表达几乎是不存在的。事实上，我对这句话最早的记忆出现在我二十出头的时候，当时母亲正准备做心脏手术。不要误会，在我的内心，我明白父母非常爱我。我后来才知道，我的外祖父、外祖母对我母亲的爱意的表达就是冷漠和疏离的，母亲从来没有得到过她深深渴求的那种形式的爱，在这方面，她本身就是一个经受过创伤的孩子。因此，她也就未能学会向自己深爱着的孩子表达爱意。

我们一家人就这样长期生活在一种情感回避的状态中，任何不愉快的事情都会被我们忽略。我很早就表现出了叛逆的苗头（我短暂地放弃了父母开玩笑地赠予我的"神赐小孩"人格），不到 13 岁就参加派对，但是，即使在我喝多了，红着眼睛跌跌撞撞着回家，还口齿不清时，父母也没有主动找我聊过相关问题。这种逃避状态就这样持续着，直到母亲承受不住压抑许久的情绪，终于爆发。有一次，母亲看到了我写的一张小纸条，发现了我喝酒的证据，于是开始歇斯底里地扔东西、哭泣，并大喊道："你是要气死我吗？我现在就心脏病发作死在你面前好了！"

在我的成长过程中，我常感到自己和同龄人不太一样。打我记事起，我就对分析人们行为背后的深层次原因这件事特别着迷。就这样，我顺理成章地确认了自己想要成为一名心理学家的理想，不光是因为我想帮助他人，还因为我想真正地了解人类。我想指着研究报告说："看！这就是为什么你成了这样的人，而我成了那样的人！"在这种兴趣的指引之下，我考入了康奈尔大学心理学系，本科毕业后又进入纽约社会研究新学院攻读临床心理学研究生课程。由于课程遵循着科学＋实践的教学模式，我一方面要做好学术研究工作，另一方面也需要兼顾临床工作。求学期间，我就像一块海绵一样尽可能地吸收着各种治疗方法的所有知识，因为我真心想要帮助他人理解并疗愈自己。

在纽约，我学习了认知行为疗法，这是一种很常用的、高度目标导向的标准化治疗方法。在认知行为疗法中，客户会被引导着关注一个单一的问题，可能是抑郁症，可能是社交焦虑，也可能是婚姻问题。这种方法旨在帮助病人认清自己行为和症状背后的有缺陷的思维模式，帮助他们从持续的糟糕感受中解脱出来。

认知行为疗法模型的基本前提是：我们的想法能够影响我们的情绪，进而影响我们的行为。当我们改变了自身的想法，我们就能改变后续的一连串情绪反应，进而改变自己的行为，这也是本书的理论基础。认知行为疗法常常因其在诊疗过程中的高度可复制性，或者说可重复性，而被称作心理治疗中的"黄金标准"，其实用的结构和形式也非常适合实验室类型的研究。尽管在学习过程中，认知行为疗法让我认识到了自身想法的力量，这是宝贵的一课，但在我的实际接诊经验中，这种方法仍不免会显得有些僵化，甚至让人感到拘束。这让我觉得这种心理治疗方法在实际运用中局限性较大，无法满足个人的独立个体性需求。

在我读研究生期间，我对人际关系疗法尤其感兴趣。这是一种相比之下更加灵活、开放的治疗方法，主要是通过客户和心理治疗师之间的健康联结，促使客户改善生活中其他人际关系。生活中，大多数人的人际关系都或多或少有问题，可能是和家人或伴侣，也可能是与朋友或同事。因此，当客户尝试与心理治疗师

　　　　　　　　　　　　　　　　　　　　　　　　自愈力

一起建立全新的健康关系时，这个过程本身就是一个疗愈的过程。我们在人际关系中展现的自我，本身就直接体现了我们整体的健康状态和生活状态，这也是我们将在本书中进一步探索的主题。整体心理学的基本观点是：个体的人际关系是基于早年与其父母式人物建立的情感联结模式形成的。这种行为效仿的过程被称作条件作用（conditioning），这一点将在第 2 章中进一步展开说明。

此外，我在本科和研究生就读期间还学习了心理动力学的相关方法，其理论基础是，人的行为由内在力量驱动。人们总将研究这种理论的人与抽着烟斗坐在沙发上的心理治疗师联系起来。通过学习，我认识到了潜意识的力量，那是一股被深埋在每个人内心深处的力量，那里存放着我们所有的回忆，是所有行为的驱动力的源头，或者说，潜意识是我们的本能或动机。在我开始进行临床接诊后，我更加深刻地感受到了潜意识的力量。基本上，我所有的客户都确切地知道他们在生活中有哪些亟须改变的地方，比如滥用药物、在亲密关系中情绪不稳定、在家庭关系中表现得像个小孩等等。但无一例外地，在下一次面诊时，他们还是会带着同样的问题过来。这样的情况反映了一种潜意识循环规律，我在自己身上也观察到了相同的情况，这种认知对于整体心理学的建构和发展来说也有着重大的意义。

就在我学习这些新疗法的同时，我还在药物治疗领域从事着研究工作。我分别组织了门诊和住院部的药物治疗小组，并领导着一个康复小组，这个小组旨在帮助有药物滥用问题的人培养人际关系技能。这些临床经验让我学会站在那些确实在努力控制自己药物成瘾问题的客户的角度思考问题，我最终认识到，成瘾对象并不局限于如酒精、毒品、赌博和性等药物和体验，情绪的起伏循环也会让人上瘾。当我们为了应对创伤而习惯性地寻求或回避某些情绪时，情绪成瘾的力量尤为强大。对成瘾的相关研究让我认识到了身体与心理之间千丝万缕的联系，我们将在后文中展开讨论。

在学生生涯的后期，我尝试将更多学科外的知识融入心理学研究中。我认识到正念疗法能够为我们提供绝佳的自我反思的机会和自我意识觉醒的空间，就在我发表了关于这个主题的论文之后[1]，我试图说服导师让我以"冥想及其对成瘾行为的影响"作为我的博士论文主题，但我最终被拒绝了——我的导师认为正念没有任何真正的疗愈作用，他认为这只是一种潮流，不值得深入研究。

回顾自己的求学历程，我能够清晰地看到眼前有一条路正在不断地延展，我的内心向我展示了能够帮助我构建一个完整的整体疗愈法模型所需的一切。之后，我开设了自己的私人诊所，在临床接诊中，我将此前习得的多种治疗方法进行了整合并加以应用。尽管我提供的是一种整合度较高的治疗方法，但几年下来，我依然对治疗结果感到沮丧。我的客户确实唤醒了部分自我意识，但他们的日常生活依然没有什么改变。在这个过程中，我能感觉到他们也渐渐因此失去了对心理治疗的信心，与此同时，我的自信心也逐渐消散了。

我仔细观察着生活中的一切，像初生的孩子一样认真地观察着。毫不夸张地说，每一个来找我进行心理治疗的客户都有潜在的身体病症，于是，毕业多年的我开始提出新的疑问：为什么我的客户中有那么多人患有消化系统问题，如肠易激综合征、便秘

自愈力

等等？为什么免疫性疾病的发病率如此之高？为什么他们都会有恐慌和不安的感觉？

可以肯定的是，如果我未曾在学校学习主流心理学知识，那么我就不可能找到自己的心理学之路——整体心理学疗法吸收了那段时间内我学到的很多知识。但是，我对身心之间的关系理解得越深，就越能清楚地看到传统心理治疗方法的局限性。

身与心的联结

闭上你的眼睛，想象一颗柠檬，想象它有光泽的黄色表皮，想象把它握在手中的感觉，感受它的轮廓。把那颗柠檬拿近鼻子，想象它的清香扑鼻而来。现在想象自己切下一块柠檬，在你切开柠檬的时候，你看到汁液飞溅，看到椭圆形的切面。现在把切下来的柠檬放到嘴边，你的嘴唇可能会被刺痛，试试酸度、凉度，感受柠檬的清新。你的嘴会不会已经噘起来，或者已经流口水了呢？只是想象一颗柠檬，就可能会引起这样一系列感官反应。至此，你已经抱着这本书体验了一次身与心的联结。

上述练习就是一个展示身心联结的简单又有力的方法。但是，传统西方医学受限于一种观念，这种观念认为心灵和身体是独立的两部分。传统西医会分别治疗心灵（心理学或精神病学）和身体（其他医学分支），很少将它们融合起来进行治疗。这种将身心割裂对症下药的做法使得医学未能完全发挥其疗愈的潜力，有时甚至会让患者在治疗过程中变得更糟。相反，许多古老的部落和东方文化在千年以前早已充分理解并尊重身心之间的联结[2]，这些文化尊重比人类的存在更高的能量[3]。他们长久以来通过各种仪式来挖掘自身的内在，以便与祖先联系，获得引导和启示。这一切都以一种内在觉知为基础——一个完整的人的各个部分是相互关联、不可分割的。

长期以来，主流西方医学认为，这种身心合一的认知是"不科学的"。17世纪，法国哲学家勒内·笛卡儿提出了"身心二元论"的概念[4, 5]，正式从观念上将心灵和身体分开考量。这种二元论在400多年后的今天依旧存在，我们仍然坚持将心灵和身体分开治疗。如果你的症状被认定是"心理问题"，你就会去看心理治疗师，拿到一份心理治疗的面诊单，并在心理治疗诊室结束面诊；而如果你的症状被认定是"身体问题"，这个面诊过程就会有很大差异。科技在19世纪取得了令人瞩目的进展，人类开始认识并了解到更多关于人类生物学的知识，以及环境中的其他生物（如病毒、细菌）对我们产生的伤害。医学全然变成了一门介入性学科，当患者出现症状，医生就会马上出现，或是通过根除症状的方式（如手术），或是通过改善症状的方式（使用有着已知和未知的副作用的处方药）来解决我们的问题。症状是身体与我们沟通的方式，但倾听身体的声音从来都不是西方医学的选项，它选择的是让身体赶紧"闭嘴"。于是，在病症得到抑制的同时，患者往往会遭遇新的问题和伤害。整体性疗法就在这种专注于对症下药的环境下被人们抛弃，而这引发了一种恶性的依赖循环，我称其为"创可贴模式"——我们变得只专注于病症，而不再费心去研究病症产生的根本原因。

精神病学这门学科曾经自诩为"一门针对心灵或灵魂的科学"，而如今，精神病学的研究重点很大程度上已经偏向生物学。比起询问患者的童年创伤或提供营养学和生活方式等方面的指导，精神科医生更有可能询问患者精神疾病方面的家族病史，并开出抗抑郁的处方药。精神病学已经完全接受了由美国精神病学协会编纂的《精神疾病诊断与统计手册》，通过其中记载的症状来进行诊断，例如各种"障碍"一定源于遗传或先天因素，而非受环境影响或后天形成。由于人们认定精神疾病来源于基因方面的问题，我们自然而然地将疾病想象成自身的一部分。特别是当它以一份诊断报告的形式出现在你的面前时，它就在很大程度上压制了你想要改变或尝试自己探索病因的动机。你会认同诊断结果为你贴的标签，认为那就是真实的自己。

从 20 世纪初起，我们就开始相信与基因相关的诊断结果，相信基因决定论。这种理论认为，我们的基因（以及由基因决定的健康状况）在我们出生时就已经确定了，我们的命运完全取决于 DNA 幸运或不幸的随机排列，我们注定要遭受或免于遭受某些疾病。遗传决定论完全忽视了家庭背景、创伤、习惯或环境中其他因素可能对人造成的影响，接受这样的理论会让我们放弃积极地为自身的健康和幸福而努力：我们为什么要积极呢？反正一切都是基因注定的。但事实是，随着科研人员对人们的身体及身体与环境（日常营养摄入、日常人际关系、社会系统性种族压迫现象等）的相互作用这一课题有了新的了解，我们就知道事情并不简单。我们的外在状态不仅是基因显性表达的结果，还是在我们控制范围内外的一系列交互作用的产物。一旦我们勇于从"命运是由基因决定的"这套理论再往前走一步，我们就有能力控制和掌握自己的健康状况。这个过程会让我们看到曾经的我们是如何被困在"别无选择"的状态中的，并将给予我们达成真正且持久的改变的能力。

在学习过程中，我亲身感受过这种别无选择的状态。学校的课程也用了同样一套说辞：各种精神障碍都是遗传的，基因决定着每个人的命运，即使我们真的能改变什么，那改变的程度也是不值一提的。当时我的主要工作是将症状分类，如失眠、体重增加、体重减轻、狂躁、易怒、悲伤，然后基于此提供对应的诊断结果，并尝试通过与病人建立一种支持型关系以达到治疗目的。如果我发现这种方式无效，我可以介绍病人去看精神科医师，他们会开出相应的精神病处方药，这就是当时的我仅有的选择。没有人讨论身体本身在精神疾病中的能动作用，也没有人教我们使用"疗愈"或"身心健康"这样的词。利用自身力量来治疗心灵的想法只会被当作是反科学的，或者被说成是新时代的天方夜谭。

当我们放弃寻找自助的方法，我们就会变得无助且具有依赖性。我们得到的信息清一色都是，我们只能任由身体摆布，唯一能让我们感觉良好的方法就是完全将身体问题交给临床医师处理，他们的妙手中握着关于我们健康状况的所有答案，只有他们能拯救我们。而现实是，我们的病症不一定能因此好转。面对这样的现状，我开始质疑，并且认识到：我们认为无法改变现状的根本原因，是关于人类生存的部分真相被隐瞒了。

转变的力量

此时此刻，一场全新的觉知浪潮正在袭来，我们不再需要接受诸如"基因即命运"这样的说法。表观遗传学领域有了突破性发现：基因并不是在一生中都固定不变的，基因可能因环境影响而产生变化。自我改变这下有了科学依据。

当然，我们的确有一套排列好的基因，但就像打牌一样，从某种程度上来说，我们也拥有选择出什么牌的权利。我们可以对睡眠、营养、人际关系，以及运动方式做出选择，这些都会改变基因的表达。

生物学家布鲁斯·利普顿多年来一直在传播有关表观遗传学的理念，并称这门学科为"新生物学"[6]。他是基因决定论坚定的批判者，一直以来他都秉持着一个观点：基因决定论严重歪曲了人类生物学的真相。事实上，所有的一切——从子宫里包裹着我们的羊水，到我们小时候从父母那里听到的观点，再到我们呼吸的空气和吸收的化学物质——都会使我们的基因产生不同的显 / 隐性表达。出生时，我们确实都携带着有固定排列的遗传"密码"，但其表达方式是受环境影响的。换句话说，我们的生活经历可以从细胞层面对我们产生影响。

表观遗传学[7]引导我们从疾病管理模式转向一个全新的治疗模式，使我们可以认识到日常环境对健康的影响。它采用了一个全新的视角：我们可以成为自身健康的积极参与者。这不仅意味着我们可以成为自身身体健康的保卫者，比如降低罹患如糖尿病和癌症等常见疾病的风险，还可以保卫自己的心理和情绪健康。表观遗传因素[8]在精神疾病的发展历程中起着重要作用，对同卵双胞胎的研究可以证实这一点，研究发现，即使双胞胎中的一位患上了严重的精神疾病，如精神分裂症或双相情感障碍，另一位也不一定患病。对压力（始于子宫内）及其与精神疾病的联系的研究也表明，生活环境影响着身体的每一部分，其中就包括最强大的器官——大脑。成瘾行为和创伤专家加博尔·马泰博士曾写过大量文章介绍情绪压力会如何在大脑结构上留下深刻印记，进而引发多种常见的生理和心理疾病。

对于遗传基因不能决定命运这个观点，我个人深有体会。我曾经认为，由于我的母亲和姐姐都遭受着病痛的折磨，我迟早也会经历这一切。表观遗传学的新观点为我提供了重塑对人体的认知的新方法——我的基因可能体现了一些表达的倾向性，但基因的最终表达结果并不是固定的。

表观遗传学的研究还表明，遗传基因的影响还有可能是跨世代的。我们祖先的生活方式和经历塑造了他们的 DNA，也塑造了我们的 DNA。这意味着我们的人生并不会因为生命的结束而结束，基因仍会继续传递下去，无论好或坏、悲伤或快乐。在实验室环境下对小鼠的研究显示，不仅那些进行极端饮食或承受压力的小鼠会出现心脏和新陈代谢方面的变化，而且它们的后代以及后代的后代也会。有证据表明，这样的结论也同样适用于人类[9, 10]。研究表明，经历过创伤（包括经受持续的社会系统性种族主义）的孩子往往会有和父母相似的健康问题，并且在许多疾病的发病率上也显著高于其他孩子。

那么，如果遗传给我们的基因确实会受到前几代人经历的不利影响，我们要如何阻止这种循环呢？有些环境因素是我们无法控制的，比如我们无法选择自己的成长环境，更不用说曾祖父母辈的成长环境了。但很多因素是我们可以控制的，我们可以为自己提供小时候可能没能得到的滋养，我们可以给自己建立安全的人际联结，培养创造安全感的能力，我们可以改变自己的饮食习惯和运动频率，我们还可以改变自己的意识、想法和信念。正如利普顿博士说："新生物学的真正意义就是将我们相信我们是生命的受害者的想法，转变成相信我们是生活的创造者。"[11]

我们不只是自身基因设定表达的产物。一旦我们认识到这一点，传统的利用药物和手术等介入措施进行治疗的方法就越发显得不足。我们有能力并且也应该帮助自己疗愈自己的身体和心灵，创造健康的状态。

安慰剂效应

随着我对表观遗传学学习的深入，我开始进一步学习更多关于疗愈和转变的研究。我了解了信念的力量和安慰剂效应——安慰剂效应指的是通过中性物质（如糖丸）来改善疾病症状的现象。从小到大我都对那些看似不可能的病症的自发缓解，或患者在无医疗干预的情况下从绝症中康复的案例极感兴趣。即使果真如此，这些故事也总是显得有些极端。它们似乎更像是奇迹，而不是科学。

心智层面的改变可以引起身体层面上真实的、可测量的变化——安慰剂效应就是主流科学对于这种情况的验证。从帕金森病[12]到肠易激综合征[13]，研究人员都观察到了显著的安慰剂效应，对抑郁症的研究也是如此[14]，那些相信自己服用了抗抑郁药但实际上只吃了糖丸的患者表示，自己的身心状况得到了整体改善。你根本不需要生病就能体验到安慰剂效应，在格拉斯哥大学的一项研究中[15]，研究人员告知 15 名跑步者会给他们注射兴奋剂然后让他们进行一场比赛，尽管研究人员只给被试者注射了生理盐水，但他们的速度还是因此得到了显著提升。

当我们的身体期望情况好转，身体其他部位就会接收到疗愈信号，并释放出相应激素、免疫细胞和神经化学物质，开始自我疗愈。安慰剂效应证明，当我们相信自己的身心状况会好转时，我们往往真的就好转了。这也验证了心智的力量——仅仅是简单的意识暗示就能影响身体。

万物皆有两面性，同样地，安慰剂效应的"邪恶的双胞胎"就是反安慰剂效应[16, 17]，这种现象会在我们认为自身状况只会更糟的情境下发生。在针对这种效应的实验中，研究人员往往会告诉参与者，他们正在服用的药物具有可怕的副作用，而实际上参与者服用的只是糖丸。当参与者相信自己正在服用一种活性药物时，他们最终会说自己确实体验到了研究人员提到的药物副作用。

关于反安慰剂效应的危险性，有一个值得注意的极端案例[18]。这件事发生在20世纪70年代，一位患者被误诊为食管癌，医生说他只剩三个月的生命。结果几周后，这个患者就死了，而尸检结果显示误诊，他的食管里没有任何癌变迹象。尽管患者已经过世，具体情况无法核实，但患者很可能是因为相信自己会死而死的。他的医生后来在接受采访时说："我以为他得了癌症，他也以为自己得了癌症，他身边的每个人都认为他得了癌症，是不是我亲手断送了他的希望？"[19]

还有另一个反安慰剂效应的案例[20]。2007年，一名参加过一项抗抑郁药物临床试验的26岁男子，在与女友吵架后，自行过量服用了29粒临床试验中分发的药片，因而被紧急送往医院。到达医院时，他出现了出汗、发抖、呼吸急促等症状，血压极低，随时都有死亡的可能。医生对他进行了血液检查，结果并未发现服用药物的痕迹。直到临床试验的研究人员赶到医院后，才

自愈力

最终确定这个年轻人是安慰剂组的，发给他的只是惰性药丸，这名男子过量"服用"的只是自身消极的想法。

整体心理学理论

对于身心联结的认知是我改变我的学术理念的关键因素。我了解到人们可以主动地干预（或不干预）心理健康以及与之相关的每一个选择，这激发了我对整体疗愈法的潜力展开进一步学习和研究的兴趣。

通过对新兴的心理神经免疫学领域的深入学习，我了解到慢性炎症的扩散对大脑的影响。这一领域内许多杰出学者的研究成果让我看到了营养摄入对肠道生态系统产生的影响，而肠道生态系统可直接与大脑"对话"。我认真深入地研究了多层迷走神经理论这一新兴理论，以及神经系统在身心健康中起到的作用（后文中我们也将进一步探讨）。新兴学科的许多相关知识令人难以置信，而这些知识也使得现代人对于病症起因以及重获健康方式的理解发生了重大转变。

当我从成堆的书籍和论文中抬起头时，我意识到这些知识正在影响和塑造我对个体对健康的作用的看法。我想要把自己从主流心理学中学到的知识与所有关于身心整体疗愈法的新研究成果整合起来，基于此我构建了整体心理学理论框架。从根本上说，它是为了解决人类在身心层面上的所有问题。整体心理学的基本理念如下。

1. 疗愈是一个日常事件，你不需要特地前往某个场所，你只是必须深入自己的内心世界。也就是说，每一天你都要坚持疗愈自我，对自己的疗愈过程全权负责，积极主动地参与其中。你的主动程度将直接关系到你的健康状态，每一个微小但言行合一的正确选择都是通往深层转变的必经之路。

2. 尽管生活中有很多事情我们无法控制，但总有一些事情在可控范围之内。整体心理学的动力来源是选择的力量——选择促成疗愈。

3. 整体疗愈法的方法很实用，并且可习得。改变的过程有时可能让人感到难以承受，而且这种感受往往还会持续一段时间。这是因为潜意识的主要功能是保护个体的安全，而变化可能对此产生威胁。在改变的过程中，我们常常会因为这种不适感而听到"不如回到原本状态吧"的声音。在与这些抵触情绪的对抗中坚持每天做出微小而正确的选择，有助于赋予我们坚持改变自己的力量。

4. 每个人都应该为自身心理健康负责，虽然这听起来令人生畏，但这件事情本身能够赋予你难以置信的力量。我们处于一个不断变化的时代，许多人对医疗体系的不平衡和局限性越发感到沮丧。我猜，你之所以选择阅读本书，也是因为直觉告诉你，你能为自己做更多的事。我将通过分享新兴科学领域的研究成果来说明传统治疗模式不再有效的诸多原因，并教你如何利用有效的治疗方法。

在与更多人分享整体心理学的相关理念和方法的过程中，我一直对人们的感激之情以及关于心理韧性和疗愈的故事感到敬畏，我常因世界各地的人们共同展现出的令人难以置信的内在力量而流泪。

我想分享其中一个令我印象深刻的故事，这是一个真正靠自身力量改变命运的故事。早前通过我的项目，我结识了艾里·贝兹丽女士，她在与我一起探讨自我破坏的过程中重新认清了自己，尤其是自己过于看重外部认可的特点，以及无法养成富有创造力的新习惯的缺陷。最重要的是，她终于明白了对自己伤害最深的并不是别人，而是她自己——她背叛了自身直觉，或者说背叛了真实的自我，而那是能够与她产生最深共鸣，使她看清自己生活状态的好朋友。她在后来的日记中写道："有生以来第一次，我感到那些曾给我带来巨大痛苦的阴影被照亮了。"

那是一段特别困难的时期，是她灵魂的至暗时刻。当时她正在服用治疗多发性硬化症的药物，刚刚经历完一次可怕的不良反应。她的喉咙肿胀，只能迷迷糊糊地瘫在母亲的沙发上看综艺节目。医生明确地告诉她，以她当前的状态看，她可能无法再工作了。"没有人能说清楚一切是怎么发生的，我的主治医生不能，我的心理医生不能，制药公司也不能。没有人知道我怎样才能康复，或者说是否还有康复的机会。"她写道。她深感沮丧，也厌倦了整日蜷缩在沙发上的生活。她急切地想要寻求改变，但关于慢性病患者的健康生活应该是什么模样，她毫无头绪，也不知道自己能否过上这样的生活。一些多发性硬化症患者的生活并不会受到疾病太多影响，而另一些人则可能因此失去行走的能力，甚至出现神经系统损伤。她不知道自己会成为哪一类多发性硬化症患者。事实上，由于她的治疗选择有限，预后也不乐观，她的父母都开始寻找有轮椅通道的新住所了。

尽管治疗结果可能多种多样，但没有人真正为艾里在如何控制或缓解症状方面提供过建议，也没有人询问过她过去是如何与抑郁症和创伤做斗争的，甚至没有人问过她是抱着什么样的心态接受治疗的。这都是因为主流医学没有建议人们对患者进行这些关怀，所以艾里不得不自己去研究。

就在艾里的人生低谷期，她在浏览社交媒体时看到了我发布的关于自我背叛的帖子。她了解了如何通过重建自我信任来扭转自我背叛倾向，并因此受到启发，决定迈出极具意义的一步。她决定每天践行一个对身体健康有利的小承诺，越小越好，越持久越好，于是她承诺每天早上在喝咖啡之前先喝一杯水。起初，她觉得自己很傻："一杯水怎么能改变生活？"不过她还是在手机上设置了早上 6 点 45 分的饮水提醒，并乖乖地遵守了。

一周后，她忍住了进一步对自己做出其他承诺的冲动，而是专注于每天喝水的那场小"胜仗"。喝完水后，她会停下来祝贺自己，并为自己的坚持感到自豪。她会对自己说："天啊，你做得还真不错！"

30 天后，艾里决定将写日记加入自己的"晨间仪式"，并开始按照我提供的建议记录自己的生活。这是我为了自己的自我疗愈而设计的练习，我称之为"未来自我日记"。这项练习能帮助你有意识地在大脑中开辟新的神经通路，指引你获得新的想法、感受和行为。在接触未来自我日记之前，艾里一直有写日记的想法，但始终无法坚持。当她将写日记与喝水的习惯结合在一起并遵守对自己的承诺时，写日记的习惯才融入她的日常生活。开始练习后不久，艾里就发现，学会对未来的自己更友善是一个让自己更有安全感的做法，她的记录也反映了这一温和方式的有效性。她越是以一种友善的方式来记录自己的日常，就越能够注意到整天在她脑海中循环的自言自语式的负面唠叨；她越是信任自己，脑海中的负面声音就越小。因而在日常生活中，艾里越发能够自我关怀和自我欣赏。

接下来的事情被艾里称为"重生"。她看到了特里·华尔斯博士的著作，以及他针对多发性硬化症的食疗方案，这促使艾里开始为自己的生活制订更多的计划：她开始每日练习冥想、瑜伽并写日记，在与自身所处环境的互动层面上，她又上了一个台阶。当然，她没有忘记每天要喝的那杯水，每天清晨她都在坚持。"现在，我感受到了一种前所未有的自在。"她在一篇博客文章中写道，"我心中沉睡的梦想被重新点燃了。"

一年多以来，艾里的多发性硬化症已经大大缓解。曾经只能蜷缩在沙发上的她，现在不仅可以上楼、走路，还开始骑自行车，甚至跑步，这两项活动是身为多发性硬化症患者的她此前从未想过的。

艾里的故事向我们展示了选择的力量。她学到了即使面对让人心灰意冷的诊断，她的内心也有足够的力量支撑她做出有益的改变。这种选择的能力也是我希望本书读者在接下来的人生旅程中能够习得并保持的。

自我疗愈之旅：你是否也陷入了困滞状态？

花一些时间思考以下关于困滞状态的问题，同时也试着探索一下在下列场景中让你感到困滞的原因。例如，你也许能够辨认出一些不断重复却于你无益的想法、情绪和行为模式，你也可以以日记的形式探索这些问题。

- 你是否时常无法遵守对自己的承诺，在试图做出新选择或养成新习惯时总是坚持不了多久就被打回原样？＿＿＿＿＿＿
- 你是否时常对发生的事件有情绪化反应，感觉自己就要失控，甚至还在事后对自己的行为感到羞愧？＿＿＿＿＿＿
- 你是否时常发现自己在与他人相处时和（或）在某些当下是分心和（或）疏离的，也许是迷失在对过去或未来的思考中，也许是感觉身心完全不在当下？＿＿＿＿＿＿
- 你是否时常感到被内在的批判性想法淹没和撕裂，以致你很难认清自己的身心需求？＿＿＿＿＿＿
- 你是否时常发现自己在人际关系中难以表达自己的愿望、需求、信念和（或）感受？＿＿＿＿＿＿
- 你是否时常感到不堪重负，无法应对压力或某些（或所有）感受？＿＿＿＿＿＿
- 你是否时常在日常生活中重复着过往的经历和行为模式？＿＿＿＿＿＿＿

如果你对以上问题的回答中存在"是"，那么你很可能是因过去的经历和条件作用而感到困滞。也许当下的你觉得自己不可能做出改变，但我可以向你保证，事实并非如此。改变的第一种有效方法，就是练习想象那个不同于过去和当下的未来。

未来自我日记

未来自我日记是一种日常练习，旨在帮助你摆脱潜意识对你的操控，摆脱使你困在过去的条件反射型日常行为习惯。你可以通过练习以下方法来实现改变。

- 回忆并观察自己是如何被困在过去的状态中的
- 每天都有意识地告诉自己："我想改变"
- 思考哪些日常选择能够帮助你实现你渴求的未来，将其拆解成小的、操作性强的步骤并履行
- 与自己的常规模式和心理阻力抗衡，将正确的日常选择坚持下去

要开始这项新的日常练习，你需要一个日记本。一些人可能想花一些时间来个性化地装饰一下自己的日记本，或者奖励自己一个小仪式。一些人可能需要花一些时间思考，自己将如何利用这个新的日常练习来实现目标，以及自己将从遵守这些日常承诺中获得什么。

现在，你已经准备好了，你可以开始练习每天遵守一个对自己许下的小小承诺，达成未来生活的改变。如果你像我或艾里以及其他曾与自我背叛做过斗争的人一样，你就应该知道，你并不孤单。你已经加入了一个由来自世界各地的数百万人组成的群体，他们也和你一起，每天都坚持遵守着对自己的承诺。

第 2 章

唤醒意识自我

第一次接诊杰西卡时，我心想："我肯定能和这人做朋友。"她与我年纪相当，在一家我很喜欢的商店上班，打扮得完全就是人人都渴望拥有却没有的嬉皮士朋友。她看起来热情又讨人喜欢，是那种派对上的焦点人物。

遇到我之前，她尝试过其他心理治疗，但因为不见效就放弃了。当她发现自己始终无法从令人窒息的困滞感中脱身时，她决定为了自己再尝试一次。在《今日心理学》的网页上一通乱搜后，她找到了我。起初，我们的面诊内容只是她的宣泄以及我的频繁点头。她对我并没有更多要求，她需要的不过是一个安全的倾诉空间，关于工作、日常压力、烦人的室友，以及某种无法言明的失落感。

经过一段时间的了解，她终于摘下了自己"潇洒"的面具。她患有慢性焦虑症，一直有取悦他人的倾向，这也造就了她的完美主义。为了逃避自己的焦虑和烦忧，她成了各种派对的常客。她喝酒、吸毒，一切都只是为了让自己能够放松下来，少些自我评判。但无论她怎么做，无论她达成了何种成就，她从未感到满足。

接着她认识了一个男人，她开始将日常生活中感受到的所有焦虑和不满完全投射到这位新伴侣身上。她是真心喜欢他，还是喜欢恋爱关系给她的生活带来的便利？她是该和他同居，还是该和他分手？她徘徊在各种极端的想法之中。随着时间的推移，他们的关系也逐渐加深，直至他们都感觉好像不结婚就难以收场，而这又导致杰西卡变得越发情绪化。这也体现在我们的面诊过程中，她开始每周都用相同的话语讲述她的亲密关系中始终存在着的那些问题，谈到他们之间的争吵，以及每次吵完她是如何大声辱骂或摔门而去的，再到事后她又如何感到沮丧和羞愧。为了应对她的负面情绪，她选择用酗酒来麻痹自己，而喝酒又刺激和放大了她的情绪反应，导致她在下一次争吵中再次选择破口大骂和摔门而去。就这样，她陷入了一个给自己和伴侣都带来很多困扰的恶性循环。这种羞耻螺旋和对应的反应机制已经成为一种固定模式，这样的循环成为她的亲密关系中的必然。

每周，杰西卡都会和我讲讲这一周她做了些什么，接着我们会计划下一周她可以做的有助于改善她生活质量的几件事情。在意识到酒精对自己情绪反应的不利影响后，她决心开始控制饮酒量。当她在下一次面诊中回想起自己未能完成计划时，她会为缺乏执行力而贬低自己。"果不其然，"她会说，"我这辈子从没能坚持做过任何我认为自己会坚持的事情。"

两年后，杰西卡对生活现状和心理治疗的成效都颇感沮丧，她有些愤怒地说："也许我应该中断一下每周一次的面诊了，我觉得我来这里只是一遍又一遍地重复自己的话。"这并不是我第一次从客户口中听到这种充满挫败感的表达。独自承受失望已经够难了，面对一个无用的旁观者更是雪上加霜。这也就很好地解释了为何在客户的心目中，我（或其他心理治疗师）会成为一个反面的父母式人物。

真正麻烦的是，她无法更进一步。她卡在自己情绪反应的循环之中，她脑海中的每一个想法都成了她的信念和沟通方式，由她的核心自我表达出来。她很难抉择，因为她的想法跳脱，可以随意地在一个极端（"我爱这个人"）和另一个极端（"我恨这个人"）之间来回切换。她就这样飘荡在极端的想法之间，不追问、不克制。

事实上，很少有人能与真实自我建立真正联结，而大多数人又妄图他人能看穿自己编造的层层叠叠的假象，看到自己的核心自我。与杰西卡一样，我们都希望成为更好的自己，但由于我们无法真正地深入了解自己的身心，因此我们也都失败了。没有现成的操作指南来教会我们如何达成渴望的改变。对于自己都无力完成的事情，我们不能也不应指望他人来完成。

你的思想并不代表你本身

当人们初闻我的整体性疗法时，他们总是想立刻学成，找到自己的内在小孩，重塑自我，疗愈创伤。人们这种对于快速疗愈的渴求，从很多方面来说正是西方文化特征的缩影。它来自一种想要结束创伤带来的巨大不适感的渴求，这当然是可以理解的。在深入这个话题之前，我们首先需要培养认清自己内在世界的能力。这可能听起来有些令人扫兴，但这是最基本的，是自我疗愈的所有后续方法的基础。

我是在无意中接触到"意识"这个概念的。当时我二十出头，对生活一如既往地感到绝望，我刚搬到纽约，为了克服随时会在身体和情绪上吞噬我的焦虑症而大量服药，还订购了各种补充剂。为了补贴生活费，我在曼哈顿找了份研究员工作。在午间休息的时候，我会在工作地点附近散散步，以此抵御焦虑症。我喜欢去帝国大厦附近，那里有美丽的圣迈克尔大天使教堂，那是一栋罗马式砖砌建筑。我会坐在教堂外，感受自己的呼吸，默念着"上帝，请帮助我渡过难关"。

有一天，我散完步准备返程的时候，发现自己来到了一座此前从未注意过的建筑前，那是鲁宾艺术博物馆，它以东方宗教艺术和纺织品为特色。那儿的门前有块牌子，上面的话引起了我的注意："我们记住的不是某一天，而是某些时刻。"

回到家后，我搜索了这句话，才知道这是 20 世纪意大利诗人切萨雷·帕韦泽的名言，我还顺带搜到了许多关于当下的力量的文献。我饶有兴趣地钻进了探索内在的"兔子洞"，最终我接触到了"意识"这个概念 [21]。这是一个我们都认识的词，作为医学术语，它的基本含义是"清醒的状态"，在本书中，它的含义则更广泛，指的是一种开放的意识状态。它不仅让我们能够认识自己和环境，并且能够赋予我们自主选择的权利。

伸手触摸你的额头，在你的指腹之下、头骨的最前端就是前额叶，即意识产生的区域，是我们在规划未来、进行缜密推理和复杂的多任务处理时需要用到的地方。我们的意识脑不受过去的限制，它是具有前瞻性和可塑性的，是人类得以与其他物种区分开来的关键。动物界的其他物种无疑也存在着，但并不具备与我们一样的思考能力，也就是元认知能力。

尽管正是这种宝贵的意识使我们得以为人，但我们大都毫无意识和觉知地沉浸在自己的内心世界中，以至于根本无法认识到，在我们的脑海中，一直都存在着一个持续运行的"脚本"。我们相信那个"脚本"就是真正的自我，但事实上，那只是我们的想法，每天我们都在重复练习着同样的思维模式。

你可能会就此打住，心想一个人怎么会不断练习自己的想法？但事实就是这样，从清晨睁眼到晚上入眠，我们无时无刻不在重复着同样的思维模式。长此以往，这个行为本身就不自觉地成了习惯。你在梦境和潜意识中练习着你的思维模式，为你的思考成果贴上"自我"的标签。但你的所思并不代表你本身，你才是思考者，掌握主动权的那方。

思考的过程是大脑神经元之间产生电化学反应的过程，具有目的性。思考可以帮助我们解决问题，建立与外界的联结。然而，我们常常倾向于过度依赖我们的思考结果。当处于所谓的"心猿"状态时，我们就无法停止思考，此时的思想杂乱无章，不留任何让我们喘息和检视的余地。

回到杰西卡身上，她的情绪化（前一天感到悲观至极，第二天又觉得人生充满意义）就是长时间处于心猿状态的结果。当她坚信拥有像她男友那样的伴侣是一件非常幸运的事时，她就会做出与男友同居、同意男友的求婚这样的后续行为；但当她不想让男友出现在她面前时，她同样坚信男友是令人讨厌的，于是她会挑起事端、摔门、砸东西。这种跷跷板式的大幅度心理变化使她无法真正信任自己，结果就是她转而用药物和酒精来麻痹自己，进一步地与意识自我解离。

杰西卡感到生活陷入困滞状态，是因为她的思维脑使她陷入了一种自动的情绪反应状态。她无法明确自己的欲求，因为她尚未追踪到自己的直觉。每个人都有直觉，这是一个心理和精神层面的概念，指的是一种与生俱来的、无意识状态下的本有智慧。直觉是一种受进化需求驱动的本能，于人类诞生之际就帮助我们求生，至今仍为我们所用。它是那种独自走在黑暗小巷中时颈后汗毛竖起的感觉，是我们虽与某人素未谋面却深深排斥的感觉，是当我们确信遇到灵魂知己时浑身战栗的感觉：它是你的直觉自我通过身体与你交谈时产生的生理反应。通常情况下，我们在孩提时期有更敏锐的直觉，与这种精神层面上的自我认知有更紧密的联系。随着年龄的增长和他人对我们影响的增强，我们会渐渐与直觉解离，第六感开始变得微弱。但幸运的是，我们不会丧失这种感觉，它只是暂时被埋没而已。

意识自我与潜意识自我

只有当意识自我觉醒时，我们才能够看清自己。自我意识觉醒的过程可以帮助你拓宽对自己的认知，找出那些长久以来消耗、操纵、阻碍你的隐秘力量。在完全认清自己之前，你很难改变你的饮食习惯，很难戒酒，很难真正地爱上别人，很难以任何方式改善自己。如果说直觉上你知道改善生活的方法，那么为什么你不去做呢？这不是道德意义上的失败，只是因为你被困在亲手造就的怪圈里重复着不同程度的自动化行为习惯。

也许你非常熟悉以下场景：每天在同一时间出门上班，出门前完成一套固定的程序，比如洗澡、刷牙、煮咖啡、吃早餐、穿衣服、开车通勤等等。你如此频繁地重复着这些日常，以至于你的大脑被训练到完全可以在"自动导航"模式下完成它们，你不会在上班途中突然产生"我怎么这就在路上了"的想法。

当大脑处于"自动导航"模式时，大脑中原始的部分，或者说潜意识部分会驱使我们做出反应。我们的潜意识容量之大令人惊奇，它可以储存我们人生中所有的经历。潜意识不光是一个收集一般事实和数字的仓库，更是收集个体情绪、反应、非理性感受的仓库。每时每刻，潜意识脑都在塑造着我们看待世界的方式，它是我们大多数行为（通常是自动的行为）的主要驱动力。当意识自我"离线"时，潜意识脑就会跑出来努力地操控我们，此时，你的思考和一言一行都是潜意识的反映。潜意识自我形成于孩提时期，受早年习得的根深蒂固的想法、行为模式和信念的决定性影响，这一过程被称为条件作用。

大脑的"自动导航"模式是条件作用的一种表现形式，大多数人都习惯性地停滞在大脑的潜意识程序之中。大脑扫描结果表明，每个人每天只有 5% 的时间是在有意识的状态下行动的[22]，其余时间，我们都处于由潜意识控制的"自动导航"模式。这意味着，一天当中我们只有很小一部分时间在做主动的选择，我们在大部分时间里都被潜意识掌控了。

内稳态倾向

潜意识压倒性地占据了日常生活的上风，以至于我们很难做出改变。人类进化的本能就是尽可能保持原样，所以当我们试图从大脑的"自动导航"模式中挣脱，我们就会感到心理和身体上的阻力，这种生理反应机制被称作内稳态倾向。内稳态倾向能够帮助我们调节自身生理功能（呼吸、体温、心跳），这些生理活动都发生在潜意识层面，也就是说，我们无须有意识地主动保持呼吸、保持体温、保持心跳，这些都是自发行为。内稳态倾向是为了维持身心平衡而存在的生理机制，当这种机制失调，触发的生理失衡状态就可能引发更多问题，甚至让人们产生自我背叛倾向。

潜意识脑喜欢待在舒适区，而最安全的做法，就是重复你的行为，因为这样你就可以轻而易举地预测那个熟悉的结果，因此这种做法也就成了潜意识脑的默认选项。我们的大脑也因此默认了将大部分时间交由"自动导航"模式支配是最好的选择，因为这样能够轻松地预测可能的结果，保存更多的大脑能量。这就是我们在重复常规行为时会感到很舒心的原因，也说明了为何当常态被打破时我们的身心会感到不安甚至疲惫。然而，正因我们习惯性地选择重复性行为，大多数人会在生活中感觉自己裹足不前，被困在原地。

这种对于熟悉行为的选择倾向性曾经帮助我们的祖先免受诸如野生动物、食物短缺和敌对势力的各种威胁。但凡是能支撑我们继续生存的食物、住所，都会因内稳态倾向被提前标记和设定为偏好选项。今天，在我们这个相对舒适的世界里，我们的心理和身体仍然没有进化出无须将一切陌生或令人略微不适的东西视为威胁的反应状态。我们必须承认，即使是生活在发达国家的原住民和有色人种，仍然每天都要面对社会系统性压迫的威胁。正是由于这些本能驱动的生理反应，当我们在试图改变自身习惯时，许多人就会被困在获取－丧失主动权的循环中。而对于这样的循环，相较于将其理解为物种进化过程中形成的身体本能反应，我们更倾向于因此感到羞愧，这种羞耻感就是一种对自身生理的误解。

每当我们做出默认选项以外的选择时，我们的潜意识脑就会制造心理阻力，试图将我们拉回熟悉的场景中。心理阻力的表现形式包括心理和身体层面的不适。它可以是循环往复的想法，比如"我晚点儿再做也没关系""我根本不需要这样做"，或是身体症状，比如焦躁、焦虑，或感到一切都不太对劲儿。以上这些都是你的潜意识脑发出的求救信号，因为你所做的改变让它无所适从了。

突破常规

随着婚期的临近，杰西卡的焦虑情绪也日益加剧，具体表现为她会反复规划和确认婚礼的各种细节。她并没有沉浸在一个幸福的准新娘状态，她说感到自己失控了，感到婚礼对她来说更像一个负担。我们仍在坚持着一周一次的心理治疗，仍试图通过这种方式帮助她利用自己的力量找到并唤醒她的意识自我。就在临近婚礼的那段时间，我才在面诊中第一次听她讲起她感到压力和失落的原因：她无法在婚礼上与自己的父亲跳一支舞。我这才得知她曾遭受过毁灭性创伤。

杰西卡的父亲是她生活中的主心骨，也是他们所在的社区内深受爱戴的一员。父亲在她二十出头的时候突然离世了，这种悲剧对任何人来说都是毁灭性的，但杰西卡决定绝不向任何人提及父亲的过世，这是她处理创伤的方式。直到我们每周一次的面诊持续了 5 年后，她才愿意向我透露她深深压抑着的丧父之痛。而这个未能解决的情感创伤，是否直接影响到了她与伴侣的相处模式，是否造成了她持续感受到的压力，是否塑造了她的情绪反应机制，都是值得进一步探索的问题。杰西卡未曾直面过父亲离世给她带来的创伤，因为那种感觉太剧烈、太可怕，她无法处理，她把这创伤小心地藏起来以便继续她的生活，这使得她陷入一个创伤循环。随着她的身体适应了这个循环，她越发感觉相比直面创伤给她带来的真实感受，回避能让她更加自在。我告诉杰西卡，整整 5 年都没有提起过父亲的过世是极不寻常的，我还问她为什么从没和我讲过这样一个关键的创伤性事件。她自己也对从未在治疗中谈及父亲的事实感到惊讶，并表示至今她仍无法确定父亲过世这件事到底对她造成了多大的影响——至此你就能看出她将这份悲痛埋藏得有多深。

当她开始规划自己的婚礼时，父亲这个话题才更加频繁地出现在她的生活中。父亲角色在婚礼中的缺席使得杰西卡无法继续否认父亲在她心目中的地位，尽管在谈及父亲的离世时她仍努力地尽量不表现出任何情绪，让自己冷静到几乎可以说是麻木的地步。离婚礼越近，我们的面诊中关于她父亲的谈话就越多。我努力地想让她认识到，过往的创伤会选择性地影响她对现状的认知，她也终于能够承认自己确实花了很多心力逃避父亲离世这一事件给她带来的无法估量的痛苦。

我带她了解了打破"自动导航"模式和重获自我意识的力量的重要性。我让她先把注意力集中到当下，而不是条件反射般陷入关于婚礼蛋糕或座位安排的事宜之中。我们探讨了如何利用呼吸和冥想等练习改善她的生活，对杰西卡而言，效果最显著的练习就是身体运动，尤其是瑜伽。对于许多人来说，身体运动可以帮助锻炼注意力肌肉，而注意力是找回意识的关键。瑜伽是一种

自愈力

全身运动，是一种绝佳的锻炼方法，通过调节呼吸和拉伸身体，帮助我们将注意力集中在当下。通过瑜伽锻炼注意力，能够很好地帮助杰西卡学习控制自己的情绪反应。这样的能力让杰西卡在事情发生时能够后退一步，更加有意识地、更加充分地看清她正在面对的事件，也正是在此基础上，她得以实现后来的转变。

瑜伽对杰西卡的帮助和改变非常大，后来的她甚至决定要参加资质培训，成为瑜伽教练。在高强度的课程中，她被迫去对抗过去的默认选项。当杰西卡学会了遇事后退一步，并且能够坦然面对做有挑战性的瑜伽动作时的强烈不适感时，她的疗愈之旅才终于走上正轨。杰西卡越是投入日常瑜伽练习，她就越能够学会活在当下。她开始尝试打破大脑的自动导航模式，开始瞥见那丝意识自我之光，她不再像从前一样只是自动地从一种感觉跳脱到另一种感觉。杰西卡开始更加关注当下，她学会了暂停，学会了思考她的想法和行为，因为她终于明白了当下的所有想法和行为都是可以由自己控制和管理的。通过练习瑜伽增强的注意力肌肉帮助杰西卡对自己的想法有了更多的认识，她还适应了直面自己想法时的不适感，建立起了自我调整和自我赋权意识，这促成了她内在的转变。

随着杰西卡的瑜伽学习更上一个台阶，她的意识自我的力量变得越来越强，这是因为在瑜伽训练中大脑可以得到物理层面的改变。当我们锻炼注意力肌肉时，会触发神经功能重塑。神经功能重塑是在最近 50 年才被广泛认知的概念，相关研究证明：在人的一生中，大脑都保持着结构上和生理上的重塑性，并非从前人们认为的 20 岁定余生。大脑惊人的重塑能力使得神经元之间产生新联结成为可能。研究表明，像瑜伽和冥想这些可以帮助我们将注意力集中在当下的运动，在很大程度上有助于触发大脑功能的重塑。当神经元之间产生新联结，我们就能够摆脱默认选项，在意识自我状态下更积极地生活，主动掌控人生。功能性磁共振成像对大脑扫描的结果也证实了这一点[23]，持续性意识训练可以实质性地增厚前额叶，也就是意识自我所在的区域。通过练习慈心禅，或只是单纯闭上眼睛想念你爱的人，都可以帮助巩固大脑的情绪中心——边缘系统，这有助于大脑神经元的重新联结，从而打破默认选项，关闭自动模式。由此一来，我们就能够分辨隐藏在我们的想法、信念和人际关系中的固定模式，诚实的意识自我也将为我们指明转变和疗愈的道路。

信念的力量

1979 年，哈佛大学心理学家埃伦·兰格开展了一项极具开创性的研究，主题是信念的力量及其对衰老的影响[24]。她从波士顿的养老院招募了两组老人，邀请他们在新罕布什尔州的一个修道院里生活一周。第一组老人被要求去尝试真正地活回年轻的自己，第二组则被要求保持现在的状态并追忆过去。

于是在修道院，他们划分了两个生活区。为了使第一组老人真正地找回年轻的感觉，第一组的生活区被由内至外地好好装潢了一番：家具全是 20 世纪中叶的风格，生活区域散落着当年的《生活》杂志和《周六晚报》，老人们可以选择用黑白电视看《埃德·沙利文秀》，用复古收音机听电台广播，或用投影重温 20 世纪 50 年代的《桃色血案》之类的电影。他们被鼓励讨论过去的事件：美国发射的第一颗卫星，菲德尔·卡斯特罗在古巴的崛起，以及他们在冷战时期紧张局势升级时感到的恐惧。此外，生活区域内所有的镜子也被收了起来，取而代之的是老人们20年前的老照片。

这项研究虽然仅持续了一周，这些老人却发生了令人震惊的改变。两组老人在身体、认知和情绪各项研究指标上都有了巨大的改善。所有的老人都变得比之前更加灵活，休息的次数减少，饱受关节炎困扰的手指更加灵巧，甚至整体看起来都更加健康。独立观察员们在未被告知研究内容的情况下，将老人们研究前和研究后的照片进行比较，他们都得出了之后的照片至少比之前的照片早两年的结论。

被要求回到年轻状态的第一组老人的变化较第二组老人更大。在智力测试的数据中，第一组老人中有63%得到了较之前更高的分数，第二组的对应数据为44%。此外，第一组老人都报告说自己的五感（视觉、听觉、嗅觉、味觉、触觉）明显更加敏锐。

在此分享这项研究是为了说明，信念有不可思议的巨大力量，它可以在很多方面影响我们。这项研究为我们展现的发生在通常来说更抗拒改变的老年群体身上的显著变化，可以说明你也具备发生类似转变的可能性。

与其纠结于那些层层交织的负面想法（研究数据表明沉浸在负面想法之中占据了人们70%的日常时间[25]），不如在感到环境中的威胁时，试着去观察和感受自己的身体情绪。换句话说，我希望你找到意识自我。当你与母亲视频聊天时，你是否感觉到自己的防御心理越来越强，肩膀和下巴的肌肉都开始紧张？当你进入一个陌生的环境时，你是否想要退缩回避，抑或感觉感官变得异常灵敏？去感受它，观察它，不要随便评判它。要想更进一步改变，首先需要学会观察和了解自己，学会花时间和自己独处，静静地坐着，认真聆听直觉，观察自我，尤其是去观察一直以来最想隐藏的幽暗的内心角落。

你要理解想法不全是可信的，明白我们是主动的思考者，而不是想法本身，这能够带给我们巨大的自由。我们的心灵是强大的工具，如果我们不能自觉地意识到我们的真实自我与想法之间的脱节，在日常生活中我们就会被自己的想法控制。

要开始自我观察，我们必须先找到一个能让我们感到安全和无干扰的环境。我们不可能在一个充满敌意的环境中做到这一切，尤其是刚开始的时候，我们需要置身于一个可以卸下内心防御的地方，放轻松，尝试让自己的身心自由游走。对于那些仍生活在战乱地区的人，特别是目前身处压迫性制度下的人来说，最安全的避风港出现在内心短暂而平和的时刻。

现在，可以尝试一些有助于你找到自我意识的训练。每天花几分钟时间参照下文指引进行练习，对改善你的生活会很有帮助。因为要想实现改变，你需要培养一个能够坚持下来的日常习惯，一个在整个疗愈旅程中每天都能达到的小目标。刚开始你可能会明显感到抗拒，想要放弃，这是因为大脑在尖叫："嘿，等等！不对，我们应该按默认设置来！"这种感觉还可能表现为某种形式的不安，为了改善这种情况，你可以尝试调整呼吸，尽可能地去不加评判地感受。如果不适感过于强烈，你也可以赋予自己停止的权力，最重要的是你要认清自己的极限。你可以选择休息一下，并告诉自己，第二天再来，你可以做到。

练习之初也许你会感到尴尬和愚蠢，但请坚持下去，这个唤醒自觉意识的练习是进一步自我疗愈的基础。

自我疗愈之旅：唤醒你的意识

1. 每天花 1~2 分钟的时间，练习专注与投入地感受当下。无论你正在做什么，洗碗、叠衣服或者洗澡时都可以。你可以在走路的时候停下来抬头看看云朵，可以认真地闻一闻办公室的气息。有意识地做一个主动的选择，观察在那一刻你的整体体验，对自己说："我就在当下。"也许你当即就会感受到源源不断的心理抵抗，因为你的大脑正从条件作用中惊醒，它知道你在观察它。你的脑海中可能还会继续产生各种各样的想法，这都没关系，我们要做的只是观察和感受。

2. 立足于当下。我们的感官有能力带领我们抵御无意识状态，并与当下进行更深层次的联结。如果你选择在洗碗时做这个练习，就感受手上的洗洁精，观察洗洁精如何在你的手上起泡，感受洗碗池中碗碟的滑腻，闻闻空气中弥漫的气味。这些都将使你停留在当下的时刻，摆脱各种想法的操纵。请记得多练习有助于改善抗拒感。

3. 1~2 分钟后，认真地告诉自己你完成了这个练习，并自我肯定。这将引导你的心灵和身体去理解并感激这一行为。

4. 这项练习每天至少需要进行一次，随着不适的抗拒感日益消减，你可以尝试一天多次。

未来自我日记：意识唤醒

在这一部分，我将与你们分享当初我用来培养和坚持新习惯的方法：未来自我日记。在我的自我疗愈初期，我许诺自己每天都体验一次意识唤醒，去感受当下。每天，我都会在日记本上抄写类似下文的语句，持续不断地提醒自己正在试图改变生活原本的样貌，这能帮助我在一天中持续主动地做出新的选择。随着时间的推移，我养成了新的习惯。你也可以尝试使用下列模板进行记录（或者自己设计一个类似的记录）。

今天，我练习了有意识地观察我的日常行为模式。
我很感激能有通过主动的选择而创造改变的机会。
今天，我能感受到自我意识的苏醒。
这方面的改变让我感到对自我和日常行为模式有了更多的认知。
今天，我完成了将注意力集中至当下的练习。

在那之后，我的目标就是每天都完成上述事项。为了提醒自己完成这些有意设定的目标，我在手机上设定了随机闹铃（没错，科技在一些场景下确实可以成为我们的伙伴）。每当我听见闹铃响起，我就会有意识地将注意力集中至当下。很快我就发现，很多时候我的注意力都并不在当下，甚至可以说是完全走神。我要么是在脑海中无用地重温那些过去让我感到焦虑的事件，要么就在无谓地担心未来各种不可避免的灾祸。能够促成改变的意识的力量在哪里呢？当时的我无从知道。

第3章
发现孩提时期的创伤之源

在我的社交媒体账号运营初期，我认识了克里丝蒂娜。和艾里一样，克里丝蒂娜也是因为看到我发布的因自我背叛倾向导致破坏性或自我伤害行为的相关内容而找到了我。

将克里丝蒂娜描述成一个"自助上瘾者"毫不为过，但凡与自身健康相关的热门活动她都从不缺席，她会买书，参加研讨会，甚至会为了为期一周的工作坊满世界飞。然而到头来结果都是一样的：失望。无论她做了什么，她总是会回到老样子。刚开始她会全身心地投入练习或体验之中，几周后她就发现自己又偏离了轨道，这时她就开始感到无趣、不适，然后结束。

克里丝蒂娜和我说她最大的困扰（这个困扰听起来很肤浅，但是其影响却一直存在）就是她的大肚腩，这个问题从青春期之初就伴随着她。虽然她从来没有超重，但她总是感觉胃里恶心，就像它是一个并不属于她身体的外来器官。当她开始从营养学角度研究这个问题时，她发现自己总记不住吃过什么，甚至用餐时她也会忘记自己正在进食。她提到她常常会在晚上吃下一大份巧克力蛋糕而全然不自知，好容易回过神后才发现自己刚刚在进行无意识吞咽，甚至连味道和口感都记不得。

这是典型的自我解离状态，是一种人体应对机制——为了应对持续的或过大的压力，个体在精神层面及身体层面和环境脱离。简单来说，就是身在而神散的状态。这是当意识脑感受到自己在面对着一个大到无法应对的威胁性事件或场景时所做的保护性反应，解离状态是经受过童年创伤的人常见的应激反应。精神病学家皮埃尔·让内最先提出了该术语，将它描述为"与自我的剥离"[26]。我的理解是：你感到自己正在搭乘"太空飞船"远去，这是自我与肉身的一种形而上的分离。克里丝蒂娜的症状向我表明，她在试图逃避些什么，一些与进食毫无关联的事件。

之后克里丝蒂娜开始谈论她的过去。她觉察到，她的家庭并没有为她提供她应得的信任或支持——她的母亲经常在言语上伤害她，总在用兄弟姐妹把她比下去。在这样缺乏安全感的母女关系中，她只能将那折磨着她的可怕秘密深埋在心底：那位年纪40有余常来家里做客的父母的密友，从克里丝蒂娜9岁起就对她实施了性侵。

这个男人用花言巧语使克里丝蒂娜相信，他们之间的事理应是个秘密，如果她告诉家人，她就会惹上麻烦。（这是性侵犯常用的话术。）这种侵害持续了许多年，连她的家人都感受到了那个男人对克里丝蒂娜有明显的好感，她的母亲甚至还会开玩笑地对她说："你是他的最爱。"她的兄弟姐妹也会在那个男人给她带礼物或带她出门时感到恼火："你这个马屁精，真行啊！"

克里丝蒂娜凭直觉知道发生在她身上的事情是错误的，但她早已学会拒绝自己的直觉，并选择相信那些对她做了坏事的人。

她选择的应对方法就是让自己处于解离状态，凭借精神上的疏离以承受身体所遭受的侵害。长此以往，她终于学会了只听他人的观点、信念和意见，却从不信任自己。

她逐渐将解离状态作为一种默认的应对策略，甚至在成年后，只要一有不适的感觉，她就会神离当下。认清了来龙去脉，克里丝蒂娜对自己成年后的习惯性行为模式也有了更深的理解。

创伤，一个被误解的概念

在心理健康领域的大多数专业人士看来，创伤指的是一个深重的灾难性事件的结果，如严重的虐待或被忽视。这类事件，比如克里丝蒂娜不幸遭受性虐待，会给人们的生活带来质的转变，能将一个人的世界分割成"之前"和"之后"。由美国疾病控制和预防中心发布的"负面童年经历"（ACE）量表[27]可以辅助专业人士评定患者于生活中遭受创伤的严重程度。ACE问卷包含10个问题，涵盖了各种类型的童年创伤：身体、言语和性虐待，以及拥有目睹这种虐待场景的经历或家中有服刑人员。每一个"是"的回答得1分，统计结果显示，得分越高，生活中出现负面事件——药物滥用、自杀、患慢性疾病的概率越大。

这种测量框架的意义重大，它清楚地展示了孩提时期持续的创伤能够在我们的身体和心智层面上留下恒久的印记。ACE问卷告诉我们，童年发生的事件，特别是那些高度负面的经历，其负面影响会伴随我们一生。

当我接受ACE测试时，我只得了1分。（在全球范围内，近70%的人得分高于1分[28]。）这个结果再次验证了我读书时的发现：现有的创伤评估体系只适用于像克里丝蒂娜这样的经历过极端伤害的人。我当然不认为自己在童年受到过任何创伤，我来自一个我自认为典型的正常家庭：父亲努力工作，每晚准时归家；我们从未缺食少穿；父母都不饮酒，至今仍然维系着婚姻关系；家人沟通时不会出现过激的言语，更不可能使用暴力。

但我对自己的童年似乎没有记忆。那些一般人生命中的里程碑事件——初吻、舞会、节日等等，对我来说都是记忆空白点。而且我还是个脸盲，我无法找到家庭成员外貌上的相似之处。每次亲戚抱小孩来，我从没像其他人一样觉得小孩长得真像他们的父母，于我而言，这些孩子只是普通小孩。当我看影视纪录片时，我也永远无法分辨当事人与演员的差别。

一开始我并不觉得这种状况不寻常，直到我跟其他人说了我记忆空白的情况，有人会因我记不起我们之间的共同经历而生气，或者因我认不出昔日伙伴而嘲笑我。还有些人不相信我，觉得我在扯谎："你怎么可能忘记这些？"这也成了朋友之间关于我的一个笑话："妮可的记忆力最差！"

但我想补充的一点是，我有情绪记忆，我确实记得一些感觉，或者说是对过去的模糊印象，但我无法将这些感觉与具体的经历联系起来。我可以回忆起 6 岁的我躺在床上，思考可能导致我的现实生活支离破碎的原因，我那时想的是：我的父母可能会死掉，可能会有陌生人闯进家门，或者我的家人可能会死于火灾，等等。我的焦虑状态属于一种情绪记忆，源于家庭中循环往复的恐慌情绪——"肯定是哪里出了问题"，它可能是愤怒的邻居、一张逾期的账单、一场暴风雪或者与家人的争吵。

事实上，比起我的家人努力在这种高度恐惧的状态下挣扎着面对生活的状态，我看起来并没有特别不安。他们说我是那个冷漠、悠闲、淡定的孩子。我总是显得从容不迫、随遇而安，表面上看起来就好像没有什么能真正困扰我。事实却是，这种冷漠是我选择的应对策略，是我的大脑在面对压力时开启的自我保护机制：我选择与自己保持距离，搭乘"太空飞船"离去。这也导致了我只保有为数不多的童年记忆，以及几乎完全缺失的青年期记忆。我的大脑并不在事件发生的现场，只有我的身体还记得。

巴塞尔·范德考克博士是一位研究创伤问题的专家，也是开创性著作《身体从未忘记》的作者。他将解离状态描述为一个"意识和无意识状态堆叠"的过程，并指出经受过创伤的人在与现实解离时"记住的不多，同时也记住了太多"[29]。创伤扎根在身体里，影响散布到每一个细胞——关于这一点我们在下一章还会详细讨论——创伤会显著影响到神经系统战斗或逃跑的应激反应。

我真正开始理解经受过童年创伤的人们的共性，是在多年后为像克里丝蒂娜这种客户提供临床心理治疗服务时。许多经历过童年创伤的人都会习惯性地通过建造自己的"太空飞船"来应对问题，进而导致他们时常处于解离状态，或拥有较少的记忆片段。这一发现让我反问自己：如果我并没有遭受过大众所理解的"创伤"（曾经的我也一度认同其传统定义），为什么我的童年回忆少得如此可怜？为什么我在情感上很难与自己联结和沟通？为什么我总会自我否定？为什么尽管我和克里丝蒂娜的童年经历天差地别，创伤反应却如此类似？

当时的我还没有意识到，我所遭受的是精神创伤，而且我和克里丝蒂娜一样，每日都在承受着这种创伤的后遗症。

扩大"创伤"的定义

我的客户覆盖了 ACE 测试中整个得分范围,从那些来自"完美"家庭、测试分数为 0 分的人,到近乎 10 分的人。得到近 10 分的人的创伤经历是很多人无法想象的,更不用说他们在经历之后要如何走出来了。

尽管他们的经历具体来说大相径庭,但基本上都遵循着相似的路线。他们中有些人是功能性完美主义者,有些人在生活和工作中都拥有极佳表现,还有些人沉迷于不同的药物或行为模式。但他们大都会经受焦虑、抑郁、缺乏信心、低自我认可度和过度执着于他人眼中的自身形象等等问题。他们通常还有糟糕的人际关系模式,以及一个逃不开的问题:困滞感。他们会对改变看似已经根深蒂固的行为模式感到无能为力。以上特点都揭示了童年创伤在人群中是非常普遍的经历。

实际上,很多人并不能明确地知道到底是哪些时刻(或者哪个时刻)让他们的生活变得支离破碎的,还有许多人不愿承认他们童年中的一部分曾对他们造成了伤害。但是,不承认不意味着不存在,至今我还从未遇到一个从未在生活中经历过一点儿创伤的人。我认为我们应该对创伤有更新的和更广义的认知,这个概念应该涵盖所有让人产生巨大情绪起伏的经历。神经学家罗伯特·斯卡尔将创伤定义为:所有在相对无助的状态下发生的负面事件[30]。

尽管 ACE 量表的框架结构是实用的,但它未能展示创伤的全貌。这个体系对于情感和精神层面的创伤定义是欠缺的,而这个层面的创伤恰恰是大多数人正在遭遇的,它使得我们持续处于否认或压抑真实自我需求的状态。令人惊讶的一点是，ACE评估没有考虑到外部环境（即社会）的影响，但环境可以通过多种形式对个体造成创伤。在ACE测试中，没有一道关于种族歧视现象的问题，但诸如歧视和辱骂等行为，都是使得少数族群遭受创伤的途径，更不用提那些普遍存在于社会系统内且存在形式更微妙且有害的偏执和偏见了。当你生活在一个不欢迎你的社会环境之中，在教育系统、监狱系统、医疗系统和大多数工作场所都会公然受到威胁时，你就是在不间断地经受着创伤。边缘化群体，特别是黑人、原住民和有色人种，时刻都在经历着社会系统性压迫、歧视性法律和偏见性框架，这些都可能使他们直接陷入斯卡尔所说的"相对无助的状态"，这也是创伤的本质。

换句话说，创伤经历并不总是显而易见的。我们对于创伤的认知和创伤本身一样伤人，特别是对于处在最无助和最不独立的孩提时期的我们来说。当我们为了得到爱而不断地违背自己的意愿，当我们受到的那些糟糕的对待让我们认为自己毫无价值或不被接受，进而使我们与真实自我的联结断开时，创伤就产生了。创伤会让我们拥有一个基本信念：为了生存，我们必须违背自己的意愿。

孩提时期的条件作用

父母式人物在我们的早年生活里是向导般的存在。充满爱意的亲子关系能够为孩子提供一个安全的港湾，无论在人生道路上经历何种大起大落，这种关系都能让孩子心里清楚，他们可以选择适时返航。向导的工作一般来说不应包括过多的评判，应该允许孩子自由成长，向导发表的观点和实施的行动更多应是意识和大智慧层面的，如此才能保证孩子能够在没有干预的情况下自然地体验自己的行为引发的后果，并为他们建立自我信任打下基础。我们可以将向导想象成一位智者，智者应该相信自己已经为孩子提供了良好的前提条件，孩子有能力自己去承受生活带来的考验，放手的过程能够帮助孩子也学着将这种信念内化。当然，并不是说拥有这种信念的人可以就此避免痛苦、失落、愤怒或悲伤等人类的各种正常感受，这只意味着，这样的向导正确地为孩子提供了一个安全的弹性基础，孩子会知道，遇到任何艰难时刻都可以选择返航。

如果父母式人物本身就经受着创伤，甚至他们尚未认识到自己也有未解决的创伤，那么他们就无法走出自己的人生之路，更不用说充当他人值得信赖的向导角色。父母将自身未能解决的创伤投射到孩子身上的行为是很常见的。即使初心不坏，父母仍然会在自己未意识到的创伤的影响下行动，导致他们为孩子提供的不是帮助和指导，而更可能是控制、束缚或强迫性要求。当然，其中一些行为可能是善意的，父母式人物总是有意无意地想护孩子周全，他们不想让孩子再经历一次自己所经历过的痛苦，这情有可原。为了达成这一点，他们就可能会选择否定孩子的愿望和需求，甚至表现得像是故意的，但这些行为本质上还是因为他们自己仍在经受着表面无法察觉但内心根深蒂固的痛苦。许多人都由这样的父母抚养成人，这种父母自己仍经受着未解决的童年创伤，因而无法驾驭情绪，这导致他们可能直接将这种痛苦投射到孩子身上。比如，他们会不允许孩子哭泣，或者对孩子所有的情绪反应充耳不闻。《不成熟的父母》一书的作者、心理治疗

自愈力

师林赛·吉布森认为，这种孩提时期遭受的情感缺失会使患者变得"缺乏安全感，被忽视的孤独感与身体疼痛一样是基本的痛苦"[31]。这种情感上的孤独感能够一直持续到成年期，表现为情感层面上的反复回避、封闭和羞耻感。

我想现在大家应该能够更清楚地看到创伤是如何进行代际传递的，从一代父/母到下一代，再到下一代……直到我们。这个过程的核心是条件作用，长辈的信念和行为总是被无意识地刻印在我们身上。任何曾经与孩子相处过的人都知道，孩子喜欢模仿他人的行为——无论是朋友、同学还是卡通人物，他们都会根据自己看到的去模仿，这就是条件作用的运作方式。我们会有样学样，尤其喜欢向与我们最亲近的父母式人物学习。在我们的早期人生阶段，承载了我们最深厚的感情寄托的人，就是为我们的潜意识信念奠定基础的人。我们通过观察与我们最亲近的父母式人物，来决定自己的人际相处模式，看待自己外形的方式，是否要进行自我照护，消费习惯，世界观，以及对自己、他人和世界抱持的信念，再将这些信念以及习得的无数其他信息储存在我们的潜意识之中。

我们不断向父母寻求指导，将他们当作模仿的对象，他们的处事方式很有可能就成了我们的处事方式。我们继承了他们看待世界的方式和人际互动的方式，继承了他们的信念、习惯，甚至他们的应对机制。

就像你学习如何有意识地观察自己一样，自我疗愈还需要有意识地观察你爱的人以及你们之间的关系。我花了很长时间才最终明白，我自己也有尚未解决的童年创伤。很长一段时间里我都不愿意承认这一点，要是你和我说我的童年谈不上完美，我甚至会和你大打出手。这不仅仅是因为我把我的过去理想化了，还源于我深受家庭文化观念的影响。我的家人都对家庭这个概念有着根深蒂固的维护意识，公开承认家庭内部并不完全尽如人意是非常无礼的行为。我们就是一个快乐的意大利大家庭，没有其他可能性。

多年来我一直在抗拒，对现实的长期否认使得我不得不花更多工夫来学习从童年创伤的角度来看待过去，以纠正自己旧日的观点。我甚至没有意识到自己一直以来压抑着的需求。与大多数人一样，我在孩提时期习得的许多习惯，都在之后的人生中始终伴随着我。很多人从来都不会去思考：这真的是我想要的吗？为什么我完全以孩提时期的方式来庆祝节日，甚至完全没有考虑过其他方式？生活中有多少事情真的是你自己的选择，又有多少是因为习惯而保留下来的呢？

认清自己的创伤是自我疗愈的基础，但这一步绝不简单。认清创伤的过程往往会让你挖掘出内心更多更深的痛苦、悲伤，甚至愤怒，它们之所以长久地被压抑，就是为了让你至少表面上看起来没有大恙。随着疗愈之旅的深入，你需要知道的很重要的一点是，童年创伤的疗愈过程可能伴随着揭开更多旧伤疤、经受更汹涌的情感冲击，但同时也请记住：这是一个重要的见证时刻。你应该开始练习无论在什么情况下都善待自己和亲人，儿时父母对待你的方式无法决定你的品质，甚至也不代表他们的品质，你有能力避免自己成为他们未能处理好的创伤的映射。

以下是一个认识童年创伤的新框架，它涵盖了一些典型原型，这个框架的构建依据是我丰富的临床经验，以及我在与自我疗愈者的沟通中观察到的常见的创伤人群特征。框架中的分类是灵活的，你可能会强烈地认同其中某一种类型，或者同时认同其中几种。这个框架仅为帮助你对自己的主要人际关系和经受的条件作用进行思考，不要求你强行把自己归类。疗愈的第一步是认清自己。

典型童年创伤

父母否认你的真实感受

一个典型的否认现实的实例是，当一个孩子在某个亲戚身边感到不自在并告知母亲时，他得到的回答是："哦，她只是想友好一些，你最好礼貌点儿。"（这一点上极端的案例是克里丝蒂娜、她的母亲与性侵克里丝蒂娜的男子。）

当父母否认孩子的真实感受时，他们无意间其实就在教孩子抗拒直觉，拒绝聆听内心的声音。我们越是不信任自己，这种声音就会越弱，进而直接导致直觉丧失和内在冲突感。这样的教导方式让我们相信自身的判断是不可信的，转而期待他人告诉我们应该如何感受。

否认孩子真实感受的形式可能非常微妙。比如，一个孩子向他的父母提起，在学校吃午餐时他的朋友们不想和他坐在一起。当下这个孩子的感受是极其痛苦的，获得同伴认可是个体发展过程中很重要的部分，遭遇这样的事件会让孩子感到自己被排斥在集体之外。一些父母出于善意，可能会以一定程度的否定语气来回应："别担心，你会找到新朋友的，没什么大不了的，后面会越来越好，这只是你上学的第一天！"只要是自身仍有未解决的情感问题的人，普遍会对孩子分享日常生活时的情感袒露感到不自在，他们的应对方法就有可能是试图否定事实。孩子的遭遇可能会激活父母类似的痛苦回忆（这个过程往往是无意识的），使得大人们倾向于教导孩子压抑或忽略涌上心头的感受。然而问题是，孩子们的感受合情合理，他们寻求的本是慰藉和支持，但他们却被告知他们感受到的痛苦是无关紧要的。长此以往，孩子就会以为自己对于现实的感受、判断和相关情感体验都是不可信的。

父母和家庭对客观性事件进行否定式评判，就等于同时否定了孩子对于现实的认知。我曾经有一个客户，他的父亲有酗酒的习惯。虽然他的父亲有一份可以为家庭提供充裕经济支持的工作，但只要晚上回到家，他就会拿出啤酒不停地喝，喝到他开始暴躁地大喊大叫或者昏睡过去。在这位客户长大后，他看出这种状况不正常，并主动与母亲谈及此事，但他母亲却否定他的恐惧和担忧，并为他父亲开脱道："他工作一天很辛苦，喝一点儿小酒就由他去吧。"这种否认就是他的母亲从她自己的成长经历中习得的习惯性行为，他母亲的家人也有滥用药物的情况，从小她就被教育要纵许家人的这种不当行为。随着时间的推移，我的客户也开始默认他母亲的说法，他告诉自己父亲工作一定特别辛苦，因此，即便空酒瓶堆成了小山，父亲夜醉到不省人事，他也视而不见。

父母看不到或听不到你

小时候我们都听过这样的话："做就对了，少问东问西。"这句话很好地总结了老一辈人教育孩子的心态。这种认知形成的根本原因在于，在老一辈人的观念中，孩子的需求都是最基本的，比如吃和住。对旧时代的许多人来说，资源匮乏是一个普遍现实，许多人的生存理念都是活着就好。于是，这些父母对于成功育儿的定义就仅止步于满足孩子的基本生存需求，而在孩子的情感需求上，他们几乎没有花费额外的精力或注意力。这种育儿观念和模式就以一代又一代的内在创伤的形式传递下来，直到我们这一代，还在经受这种创伤的深远影响。

童年时感到自己不被看到或听到，是一种与父母在情感层面脱节的体验。在一些情况下，这个问题可能牵涉到严重的忽视，尽管这样的状况常常以微妙的形式呈现。它的可能表现包括：父母本身因长期处于焦虑状态（因无法处理自己的情感而不知所措，或因处于长期压力之下而无法专注），或者因长期处于情感封闭状态而表现冷漠，并且无法倾听和支持孩子的情感表达；或者父母本身因处于"自动导航"模式而将孩子的需求当成一个又一个的任务，用默认的设置回复，无法理解孩子的想法。以上这些常见的处理方式都会阻碍父母与孩子之间建立更深层次的情感联结，因为这些状态下的父母，精神上并不与孩子同在。

自我表达没有被用心倾听是令人痛苦的，被忽视是令人沮丧的。这种"我们必须将真实的自我隐藏起来才能够得到爱"的认知会令人困惑，被认可是人类最深层的需求之一。如果幼时的想法或见解未能被真正地倾听，你会感到泄气；如果幼时的自我表达没有被看在眼里，你会感到失魂落魄。这种认可缺失的情况，可能会导致一些孩子在未能完全找到自己真正的热情和向往之前，就过早地被父母完全掌控，而一味按照他人设定的路线前进。认可缺失的经历有强大的力量，它会让我们怀疑自己的本能倾向，避开自己的直觉需求。

对那些读到这个章节的父母，我想说时刻进行自我提醒是很重要的，孩子与直觉以及核心自我联结的能力远胜于成人。作为成年人的我们，会经常性地迷失于自己的各种想法之中。孩子具有高度敏锐的直觉，他们对世界的认知尚未形成，一切仍处于不断变化的流动状态之中。不要害怕为孩子提供一个安全开放的探索空间，在这样做的同时，你也能进一步地了解自己，以及我们每个人在自由表达真实自我时蕴含的可能性。

父母想借由你重活一次或想塑造你

这种类型的父母通常还被称为"舞台型父母"，他们过于热心地想要让自己的孩子成为演员或歌手，以满足他们自己对于名声、成就或关注的需求。虽然这种原型最常与表演相关的职业联系在一起（而且不公平的是，这里的"父母"通常会被默认为是母亲），但塑造孩子的方向绝不限于舞台。

由于这种类型的父母常常在流行文化中被描绘成彻头彻尾的施虐者，人们通常会批判他们。通常情况下，想要将孩子推向成功宝座的动机来自父母非常自然的本能：感到骄傲的需求。不幸的是，当这种动机来源于父母自身未能解决的创伤时，这种需求就会变质。这些想要借由孩子的人生再活一次的父母，往往对自己抱有根深蒂固的、令人痛苦的"我是个失败者"的想法，或者自认为在某些领域的能力上存在缺陷，他们还会进一步将这种核心信念投射到孩子身上。比如，一名父亲年轻时原想成为一名篮球运动员，可还没能进入大学球队他就不小心摔断了腿；一个母亲年轻时原想成为一名医生，可由于能力不足及其他种种原因，最终她只成了一名护士。这会导致孩子们在成功之路上背负

自愈力

着令人窒息的极大压力，为了取悦父母，他们需要放弃部分真实的自我。试图通过他人的成功来建立自我认同的父母，终将可能失望，并且在这个过程中招致孩子的怨恨，毕竟孩子在实现父母未能完成的愿望的过程中，是以忽视自身需求为代价的。无论何时，只要一个人的内在需求受到否定，都会滋生怨恨。

这种自我的丧失在成年之后可以有多种表现形式，我接手过的最常见的表现为：严重的选择困难和拖延症，或者是对成功的执念。要说明的是，在一些情况下，舞台型父母拥有明确的目的，比如饱受诟病的"好莱坞父母"为了经济利益将孩子推上舞台；但大多数情况下，这种类型的父母只是单纯真诚地渴望孩子能够过上更好的生活。舞台型父母会持续性地将自己的愿景、需求或欲望投射到孩子身上，去塑造他们想象中孩子应该成为的模样。比如，他们会告诉孩子要避免与其他孩子来往，或是在学校里需要在某些课程上集中注意力，也可能是更加意味深长地告诉孩子："将来你会成为一个了不起的母亲。"期望的投射可以是一个完全无意识的过程，父母感知不到他们这种行为存在的问题，事实上，许多人还将它看作是一种爱的行为，而且他们真是这样认为的。在一些情况下，对于那些因此从事着传统意义上理想职业的人（例如律师和医生）[32]，结果可能更是毁灭性的。由于所从事的职业与自己的真实欲求不符，他们可能会对药物过度依赖，存在心理健康问题等。在更极端的情况下，他们甚至会产生自杀的念头[33, 34]。

父母爱越界

界限指的是个体对于情感或行为承受的极限。从本能上来说，孩子都是有能力厘清界限的，他们能够在毫不理会他人反应的情况下，持续且明确地做出自己的反应（比如，蹒跚学步的孩子会对他们不喜欢的物品本能地摇头）。而对于一些成年人来说，保障和维持自己的界限通常是十分困难的。许多人本身就成长于无法保障和维持界限的家庭之中，没有正确的学习榜样，他们自然在试图建立合适界限时会落入迷茫。

从我的临床经验说来，我常常听到客户提及幼时父母翻阅自己的个人日记的行为。这种侵犯私人空间的行为最终还常常导致孩子面临羞辱性的对峙，有时他们甚至会因日记内容受到惩罚（这样的事情就曾经发生在我身上）。这样的经历会改变我们的认知，导致一些孩子认为血亲是有权并且总是会越界的。在频繁发生越界情况的影响下，一些孩子甚至可能会内化一种信念，认为这种越界是建立牢固关系的前提，是一种表现亲密的方式，甚至是爱的基本表现形式；另一些孩子则可能反其道而行之，会更加注重保护个人隐私，在很多方面都表现出高度防御性。

常见的越界行为还包括：父/母一方向孩子抱怨配偶。我有几位客户都曾告诉我，在孩提时期，他们的父母会对他们袒露婚姻关系中的个人细节（如外遇问题或财务问题）。这些父母往往完全忘记了孩子并非他们的同龄人这一事实，甚至还可能想从孩子那里寻求情感慰藉。在这种情况下，孩子可能会对大量私人信息感到不知所措，并在负面评价的影响下对自己深爱的父母产生矛盾的感觉。

父母过分注重外表
众所周知，人们对于被外界认可的需求并不会随着年纪的增长而停止，相反，这种想要被喜欢和被崇拜的内在需求会伴随我们一生。父母很可能会将这种自身需求投射到孩子身上，而这个过程同样有许多表现方式，有时，它可能是明确的，比如评论孩子的体重，时刻执着于将孩子打扮得体面，过分关注发型，等等。被这样对待的孩子很快就会对"可被接受的外在形象"形成认知概念，还可能将这样的认知进一步内化成"外貌是决定你是否值得被爱"的条件。

这种概念内化的过程还可能在父母对自身或他人抱有不合理要求的情况下触发。比如：父母过分关注自身仪容仪表，有强迫性节食或过度锻炼的习惯等；父母常发表对食物的评价，如"不好的""让人发胖的"等；父母常对朋友、其他家人或公众人物的身材或仪容仪表做出评论。总而言之，父母不需要对孩子自身直接发表评论，就可能导致孩子将与外形相关的一些信念内化。孩子就像一块海绵，当他身边有些人的核心信念过于专注于外在形象时，他便会注意到并将其吸收。

此外，这种类型的父母在外与在家通常会有不一致的行为表现。比如，一个在家经常与人吵架或大喊大叫的人，一旦出现在公共场合就会表现得很亲切、很有礼貌，而这样的公众形象实际上不过是个面具。这种行为会使得孩子以为每个人都应该拥有一个"伪自我"的面具。以这样的大人为榜样，孩子们学会的就是：为了生活，为了得到爱，他们必须根据自己所在的环境来转变自己的人格外在表现。

父母无法调节自己的情绪

情绪调节的过程就是体验情绪的过程，即允许自己感受情绪在体内自由地流动和变化，而不是试图通过药物、酒精、手机或食物来分散自己的注意力。尝试识别自己的情绪——"我现在非常生气"或"我很难过"，并通过呼吸去调节，使之稳定。情绪调节的练习能让我们在经受着不同生活场景带来的压力时仍保持注意力和平常心，拥有回归生理基线的情绪韧性。

大多数人的父母都缺乏认知情绪的能力，更不用说去主动调节自己的情绪感受了。当他们在某些时刻感到情绪泛滥或在某个时刻同时经受着多种强烈感受时，他们会不知所措。其中一些人可能会将这些让他们无法喘息的情绪能量向外投射，表现为尖叫、摔门、打砸东西或离家出走。另一些人则会选择将这些情绪能量向内压制，表现为对他人不予理睬或冷落。这些行为都是因为父母本人正在经历着无法处理又令人窒息的情绪，这使得他们与孩子在情感上变得疏远，更加冷淡。由于无法控制和调节自己对某一特定经历的感受，一些父母会选择将孩子排斥到心门之外。许多自我疗愈者都表示有过类似经历，他们的父母会将冷处理作为对他们的惩罚。他们还谈到了解离状态的父母，不再和他们交流的父母，将他们与其他家庭成员比较以否定他们的父母。当亲人处于情感封闭状态时，孩子自然就会有样学样，他们也无法学会整体情绪调节，并且通常后续也无法养成相应技能，无法培养自己的情绪韧性。

应对内在的创伤

"你就是头猪！你这个废物！你是家族的耻辱！"我的母亲曾经这样对我怒吼。

那个可怕的时刻是我的母亲在情绪积压多年后难得的几次爆

发之一，那是在姐姐的结婚仪式之后。作为伴娘，我可以带三个大学里最亲密的朋友来参加婚宴，其中一位好友就是我当时的女友凯蒂，当时这还是一个秘密。

没有人知道我和凯蒂在谈恋爱，连另外两个好友都不知道。这并不是因为我们有羞耻感，完全不是，只是那是我第一次与同性确认恋爱关系。我觉得没有必要向全世界宣布，更不用说立刻向我这个从来没有相互交流过实质问题的大家庭开诚布公了。婚宴那天一早，我就和朋友们开始大喝特喝。我记得，我在看父亲和姐姐跳舞的时候啜泣了起来，这个场景在我的朋友和家人看来很奇怪，因为他们都知道我并不是那种在乎传统婚礼仪式的人。事实上，这个场景刺痛了我内心深处的失落感，因为我知道父亲无法伴我走完这个仪式，毕竟我不可能拥有那种有如此多亲友到场祝福的传统婚礼。那晚，我的情绪很糟糕，我越是感到难过，我的话就越少。

凯蒂也喝多了，她对我的疏离很不满。每次她想找我跳舞时，我都会推开她。她想吻我，我却给了她一个"别闹了"的表情。之后她生气了，大步走开，我们开始争吵。这一吵，礼堂里的所有人都明白了——我们是恋爱关系。

我不相信自己可以逃过这一劫，但那天晚上和第二天，确实都没有人再提到凯蒂。一个多月之后，我回到了纽约北部的康奈尔大学。母亲在未提前和我打招呼的情况下突然来访，同行的还有我父亲。那天，他们一早就从费城开车来到纽约。我一开门母亲就飞快地冲进来，大声地喊着那些侮辱性极强的令人痛苦的话，直到我终于无法忍受，试图将她赶出我的公寓。她仍然没有停止，场面一度十分混乱和嘈杂，以至于邻居都过来询问我是否需要帮助。最终我成功将母亲带离了公寓楼，我让她和父亲一起坐回车里。我父亲在一旁低着头，一言不发。这情况令我有些措手不及，因为从小到大，母亲极少向外投射出如此程度的情绪能量，她这次的情绪爆发扰乱了我们所有人的心弦。

几个月后的暑假，我回到费城老家，母亲对这件事开始采取冷处理的态度——她开始对我不理不睬，仿佛我不存在，仿佛她可以径直穿过我，仿佛我是个隐形人、是个幽灵。如果我们恰巧在走廊碰面，她就会抬起头，目光注视着别处从我身边走过。我的父亲默许且配合着母亲的沉默，尽管他多多少少还是对我说了一些话。这简直就是我的童年创伤的完整重现，我似乎又变得配不上他们的爱了，完全没有存在感。我害怕的一切，在那天被打包成了一个"大礼包"，一并送到我面前。而我竟有一种解脱之感——是重回"太空飞船"的时候了。

家庭内部的冷漠情绪持续了几周，直到有一天，母亲突然开始跟我说话，并且表现得像之前的一切完全没发生过一样。我们没有谈论我的性取向，她完全接受了我喜欢女生这个事实，就好像从一开始她就是这个态度一样。事实上，我们也没再聊起之前的那个小插曲，以及她如何将自己积压多年的情绪一下全宣泄了出来。待母亲终于冷静下来，她也不敢相信自己做出了那样的反应，不敢相信自己有能力做出那种程度的情绪表达。

之后，我经历了多段恋爱关系，却发现自己总是处于情绪反应和情绪退缩来回推拉的相处模式中。我愿意开展的恋爱关系，都是那些我能够与之保持情感距离的、能够抽身的，它们往往不会动用我内在的真实情感。当我发现自己在恋爱关系中的情感需求和深层联结的欲望不能得到满足时，我便会做出一系列诸如连打很多通电话、连发很多条信息、耍脾气、挑事儿这样的行为。如果因为这些行为，我从伴侣那里得到了我在某种程度上渴望的情感回馈，那么我又会变成恋爱关系中较冷漠的那一方，并感到不知所措——我又回到了孩提时期在家里的那种"幽灵"状态。当一段恋爱关系不可避免地结束时，我还会反过来责怪另一方。如今回头看，这一切都只因我受到了从小养成的情感应对机制的条件作用，或者说是我始终牢记着管理和控制内心情绪起伏的方法。

1984 年，两位在压力和情绪领域做出开创性贡献的心理学家——加州大学伯克利分校教授理查德·拉扎勒斯（已故）和加州大学旧金山分校教授苏珊·福尔克曼，共同提出了应对理论，他们将其定义为"个体为了掌控特定的超出其承受范围的外部和内部需求，而持续做出的改变认知行为的努力"[35]。换句话说，应对是一种可习得的策略，为的是让个体安抚自身因遭受压力而产生的身体和心灵的深度不安。

两位心理学家分别概述了应对策略的两种形式：适应性和非适应性。适应性应对策略指个体能够通过如直面问题或自主重新引导消极想法的方式，逐渐找回安全感。这里的重点是积极主动，适应性应对策略要求个体自身做出努力以及有意识地承认不适感的存在。如果我们未能在成长过程中被教会如何养成和运用适应性应对策略，那么在成人后使用这种策略就会相对来说更加困难。

对于大多数人来说，能够从父母身上学到的更多属于非适应性应对策略，即通过某些方式（比如像我那样在婚礼上饮酒）短暂性地脱离现实世界，或缓解自己的不适感，或避免任何情绪反应（比如像我一样进入解离状态）。以上这些非适应性应对策略的处理方式确实也都是我们为了缓解痛苦而做的尝试，但这些方式最终都会导致我们与真实自我之间进一步脱节。

我们选择的应对策略与当下的环境关系不大，它更多的是关于我们面对压力时的习惯性反应。比如，同样从事高压且重业绩考核的工作的两人也会采取不同反应：索尼娅选择采取适应性应对策略，如通过定期健身帮助自己排解压力，或者通过给最好的朋友打电话以寻求支持；米歇尔则选择采取非适应性应对策略，通过药物来放松自己，逃避现实。米歇尔当时可能有好转的感觉，但第二天醒来，她还是会感到大脑混沌、无法专注且痛苦。非适应性应对策略在这种压力和羞耻感混杂的状态下，更有机会形成循环。

在我的面诊经验中，我观察到许多非适应性应对策略。其中最常见的包括以下几种：

- **讨好他人**：一旦你确实满足了他人的需求，压力就会（暂时性地）消失。
- **生气或愤怒**：将情绪宣泄到他人身上也是一种释放压力的方法。
- **主动进行自我解离**：在经受着那些给你带来压力的事件时，主动地选择让意识"离开你的身体"，这样你就不需要在当下即刻"体验"创伤。比如，当我们在与自己并不真正感兴趣的人发生性关系时，或是当我们一味为了满足伴侣的需求和喜好而忽视自己的需求和感受时，这种情况就会发生。

　　　　　　　　　　　　　　　　自愈力

以上这些应对策略都能够帮助我们避免重复或重现过去的创伤，并延缓当下的痛苦，但它们并不能真正地满足我们在身体、情感和精神上的愿望和需求。当我们的需求始终无法得到满足，我们的痛苦和解离状态就极易恶化，使我们落入从自我保护到自我背叛的循环。在未解决的创伤、反复的非适应性应对策略、持续的自我否定的共同作用之下，痛苦的感觉会持续，直至最终一举击垮我们。

改变的潜力

每个人都有尚未解决的创伤。我们现在已经知道，决定创伤印记深浅的不一定是事件本身的严重程度，而是我们应对事件的方式。韧性需要从条件作用中习得，如果父母无法发挥积极的榜样作用，我们可能也就无法学会。然而在进行自我疗愈的过程中，在主动消除创伤影响的过程中，我们会变得更富有情绪韧性。事实上，这样的经历往往会促成人生的深刻转变。

在我于线上自我疗愈者社群中分享了有关创伤的资讯之后，许多人向我反馈，常见问题包括："你是说每个人都有创伤吗？"或者"我怎样才能使我的孩子免受创伤？"。事实是：创伤是生活的一部分，是不可避免的。你的出生就是一种创伤，对你和你的母亲可能都是如此。经历过创伤并不意味着我们注定要与痛苦和疾病相伴终生，我们拥有自主选择的权利，我们可以选择不再重复那些塑造了我们早期个人形象的行为模式。当我们学会自我疗愈，我们就可以改变，可以向前，可以痊愈。

创伤可能是具有共通性的，并且同时具有个体特征，它影响着一个人的全部，且对每一个个体的神经系统、免疫应答、生理机能的影响都是独一无二的。对于心智和身体层面的自我疗愈来说，第一步就是认清未解决的创伤，然后试着去感受和理解这些创伤给你造成的长期影响，并理解此前所习得的应对策略是如何将你困住的。

自我疗愈之旅：识别童年创伤

为了帮助你识别个人的童年创伤或饱受压抑的情绪，请花一些时间思考，并使用下列能与你产生共鸣的那部分提示语写下你的感受或经历。许多有着尚未解决的创伤问题的人（包括我自己）对于过去的日子都没有太多记忆，这会导致你难以回答其中一些问题。总之，请尝试记下所有在你脑海中闪现的念头。

父母否认你的真实感受

孩提时期，当你兴致勃勃地怀揣着一个主意、一些感觉或一段经历奔向父母想要与他们分享时，他们却以一种消极的方式浇灭了你的热情。例如，他们可能回应道："这事儿可不是这样操作的。""这没什么了不起的。""就你？还是算了吧。"花些时间找回记忆里那个年幼的自己，回想一下父母类似的反应可能给你造成了怎样的心理感受。以下日记提示语可能有助于你的回忆：

孩提时期，当我的父母 ＿＿＿＿＿＿，我感到 ＿＿＿＿＿＿。

父母看不到或听不到你

孩提时期，你曾经非常想得到父母的认可，但他们似乎总是有更在意的事情，总是忙碌着，或以其他方式让你无法感受到认同感。花一些时间写下过去导致你感觉自己没有被看到或没有被听到的事件和场景，回忆一下当时你可能尝试过的引起他们注意的方式。你是采用了夸张的"表演"来表达自己的需求，还是变得越发孤僻，将渴求向内隐藏？以下日记提示语可能有助于你的回忆：

孩提时期，当我的父母 ＿＿＿＿＿＿，我感到 ＿＿＿＿＿＿。

为了应对，我 _____。

父母想借由你重活一次或想塑造你

孩提时期，你的父母是否常常告诉你你应该成为什么样子的人（或者避免成为什么样子的人）？你的父母会不会和你说"你简直就和你母亲一样敏感"或是"等你成绩全 A，家人才会为你骄傲"？当时的你是和父母一样对这些目标充满激情和抱负，还是明确知道自己只是为了取悦他们走走过场？

花一些时间写下孩提时期你接收到的各种关于你应该如何做、成为怎样的人的言论，同时回忆一下由于受到父母直接或间接表达的愿望的影响，你发生了怎样的变化。以下日记提示语可能有助于你的回忆：

孩提时期，我总能听到大家说： _____

我知道我的父母希望我： _____

父母爱越界

孩提时期，你的父母可能曾侵犯过你的个人界限，或是为你设定（或完全不设定）不同类型的限制。请花些时间回忆一下，以下日记提示语可能有助于你的回忆：

孩提时期，我是可以自由地说"不"，还是必须由父母为我选择应以何种方式行事？

_____

父母的婚姻关系当中，是否有明确的时间、精力和经济上的界限？

_____

父母是尊重我的隐私，还是侵犯过我的隐私（包括读你的日记、旁听你的电话或其他窥探行为）？

_____

父母是否允许我自由地与生活中的人进行交流互动？

_____

父母过分注重外表

孩提时期，你的父母会过多地发表关于你的外表的评价。这也许是直接的："你应该把头发放下来""你的腿越来越粗了""你真的还要再吃一个吗？""这件衣服有问题"。或者，他们针对你认识的人，对他人的外表进行了全面的评价，分别强调了优缺点。又或者，你的父母过多地注重自己的穿着打扮。以下日记提示语可能有助于你的回忆：

我曾收到的关于自己外表的评价包括哪些？

_____

父母无法调节自己的情绪

保持情绪健康最重要的影响因素是你如何调节和处理自己的情绪。孩提时期，你通过观察父母回应你的方式（直接表达或克制隐忍），来学习并养成自己的情绪管理方式。花些时间回忆，童年的你是如何处理情绪的。以下日记提示语可能有助于你的回忆：

当父母正在经历剧烈的情绪起伏（如愤怒或悲伤）时，他们是如何向外做出反应的？比如，他们是摔门而去、宣泄、大喊大叫，还是对他人不理不睬？

_____

父母是否有特殊的应对策略？例如：购物时过度消费、服用药物、完全屏蔽特定（或所有）情绪感受。

_____

当父母正在经历剧烈的情绪起伏时，他们如何与我或周围的人沟通？比如，他们是否采用了谩骂、指责、羞辱或冷战的方式？

_____

待强烈的情绪发泄完毕，父母是否曾试图花时间向我解释或帮助我处理自己的感受？

_____

孩提时期，我曾接收到的关于情绪或是我的特定感受的信息包括：

_____

自愈力

第 4 章

直面创伤引发的神经失调

对我而言，我身体上的创伤失控点始于我第一次毫无征兆地晕倒在地的那一天。

多年来，我一直都在经受着许多神经功能失调症，我像玩打地鼠游戏一样，试图一一解决那些引起不适感的症状。当时的我认为：解离状态只是我的个性使然，毕竟我的记忆力那么差；焦虑症不过就是由我的基因和当前环境共同造成的，毕竟我在纽约独居，母亲还在老家病着……我在说服自己问题不算太大之后，去找心理医生开了药，想通过这样的方式度过这个艰难的时期。我认为，我的头痛症状是因为遗传，发生脑雾是因为工作实在太繁忙，严重的便秘我好像无法解释，那就归因在母亲和姐姐身上，这样我就没什么好担忧的了。我照常喝着啤酒和西梅汁，吃着非处方药。当时的我认为，个人化的问题只能用个人化的方式解决，不存在共通的疗法。

也就是在那段时间，由于我的心理动力学博士后工作需要在费城精神分析学院开展，我从纽约搬回了费城。由于在地理位置上我离家人更近了，我见到他们的次数比过去多年的总和还要多。同时，我需要通过更加频繁的心理治疗（每周一次，偶尔每周两次）来稳定自己的情绪，这个过程揭开了许多我早已忘却的童年创伤。心理治疗让我深入地了解到我的家庭互动模式存在着许多问题：我的家庭异化一切外人，努力向外界展示我们和谐团结的一面，而事实是所有人都生活在焦虑和恐惧的反馈循环之中。我的母亲缺乏表达真正的感情和爱意的能力，其根源在于她的父母对她也缺乏物质、情感、精神上全方位的爱意的表达。我认识到我的解离状态、完美主义和情感疏离只是自己的保护机制，是在母亲根深蒂固的痛苦的条件作用下形成的创伤反应。

以上新认知既残酷又令我沮丧，一时之间我的情绪无处安放，于是我选择了向外宣泄。我开始找洛里麻烦，我会主动引战并拒绝她的关心，然后当她选择放任我不管时我又感到恐慌。我重复着这个多年以来我与所有伴侣都会重演的相处模式：在亲近与疏离之间来回摆动，当我们之间的距离变得过于疏远时又无法抑制地感到恐慌。

然后我开始时不时晕倒在地。

第一次昏厥发生在我的童年好友阿曼达的乔迁派对上，阿曼达是少数留在我记忆中的童年伙伴之一。那是个温暖的夏日。她的公寓楼配有一个游泳池，对此她特别兴奋，就想领我们去转转。一到泳池我就开始感觉不太舒服，我感到太阳剧烈地烧灼着我的后颈。我开始出汗，突然觉得头晕目眩，天空似乎都在旋转。我还记得当时脑中想的是："别闹了，妮可，你得打起精神来！"

等我再次睁开眼时，我看到的满是洛里和其他朋友关切的

　　　　　　　　　　　　　　　　自愈力

眼神。

洛里当即询问我的状况,阿曼达是接受过正规训练的紧急医疗技术员,她立即评估了我的意识状态。她看到我头撞地的那一下很重,担心会造成脑震荡。我坚持说我没事,尽管我确实感到头晕,还有点儿恶心。

那一次昏厥并没有引起我更深入的思考,我只是简单地将其归结为一次反常的意外。生活中,我还在继续着原有的工作节奏,仍感到不安和疏离。再之后,我发现我的认知也开始出现问题,进而真正地影响到了我的日常生活。我时常难以在大脑中搜寻到合适的话语,这个症状已经严重到了无法忽视的地步。有一次在为客户面诊期间,我竟然完全失去了思路,以至于我们完全沉默地静坐了几分钟,之后我为自己的失误向客户表达了深深的歉意。

在接下来的日子里,我再一次出现昏厥的症状。那年的圣诞假期,洛里和我一起回了我家。有一次,我们一同出门买生蚝刀。我还记得步入食具店时那种头晕目眩的感觉,我当时脑中想的是店里刺眼的灯光还真烫人。

当我重新睁开眼睛,再一次,我看到的是一张张关切的脸。

一切都很明确,我的神经系统出现了严重的问题。这一次,当我的身体呼喊着寻求我的注意,我终于开始正视自己的问题了。

创伤反应机制

毫不夸张地说,每一个来我诊所的客户,在经受心理病症的同时，也都承受着潜在的身体病症。未解决的创伤就是有能力这般巧妙地溜进我们的生活。

我们从 ACE 量表中可以知道，创伤可能引发一系列身体和心理问题——从抑郁、焦虑到心脏病、癌症、肥胖症和中风。相关研究也表明，有未决创伤的人一般来说更容易生病，且他们的寿命一般更短。

创伤对身体的影响方式是多样而复杂的，身体功能失调归根结底有一个共同的触发条件，也就是压力。压力不只是一种心理状态，它有更广泛的概念，它是一种威胁到体内稳态（即身体、情绪和心理的平衡状态）的内在状态。当我们的大脑感知到我们没有足够的能力应对眼前的障碍或威胁时，我们就会产生生理上的应激反应（这也是我们在面对未解决的创伤时的默认状态）。《身体的抗拒：隐形压力的代价》一书的作者，成瘾和压力领域的专家加博尔·马泰（Gabor Maté）博士就将这种联系称作"压力与疾病的联系"[36]。

当我们感到压力时，身体会将维持体内稳态的资源（它们能确保我们健康、快乐）优先分配给自身防御。规范性压力是不可避免的（尝试回避压力只会让状况更糟），诸如出生、死亡、婚姻、分手、失业等等一般性压力是人类生存经验中的自然组成部分，我们可以通过培养适应性应对策略使自己重回心理和生理基线。选择对外求助，选择自我安慰，选择帮助出现问题的神经系统恢复到平衡状态，这种偏离又重回平衡基线的过程就叫作应变稳态，它是我们培养复原力的基础。

身体的应激反应，也常被称作"战斗或逃跑"机制，是一个大家耳熟能详的概念。"战斗"或"逃跑"指的是身体在面对压力时两种常见的本能反应（第三种为冻结反应，后文会有更多介绍）。当我们遭遇威胁，无论是真实发生的还是认知层面的，杏仁核（大脑的"恐惧中心"）都会感知到相关信号，进而向身体的其他部分发出信号："我们受到了威胁，请各个系统联动起来，共渡难关。"

规范性压力有助于我们的成长和适应能力，而不间断的慢性压力会使我们身心俱疲，并最终伤害身体的所有系统。当我们长期处于压力环境中无法重回稳态平衡——这可能是因为我们尚未养成适应性应对策略，或者因为压力过大超出处理能力范围——我们的身体系统就会失衡，某些生理系统会被过度激活，另一些生理系统则被过度压抑。以慢性压力为例，在这种状态下，肾上腺会持续分泌皮质醇和肾上腺素之类的压力激素。

压力还会激活身体的免疫系统，使其过度反应。从我们还在子宫时起，免疫系统就一直在学习和适应我们的行为习惯，当免疫系统感知到我们正处于持续的威胁性环境中时，它就会反复分泌化学物质，直到身体各处都产生炎症反应。这些化学物质也是引发一系列失衡和失调病症的导火索，会提高人体罹患自身免疫性疾病、慢性疼痛，以及其他种种从心脏疾病到癌症等疾病的风险[37]。

这类化学物质包括细胞因子，它是一种有助于协调细胞间沟通的分子。当身体表面有伤口或体内存在毒性异物时，细胞因子会刺激免疫系统，使之采取行动。一般情况下，这样的反应过程会导致诸如发烧、肿胀、泛红、疼痛等炎症反应，以帮助身体清除有害异物进而复原，而在反应过度或过猛的情况下，则有可能致命。

如果免疫系统不断错误地向炎症性化学物质发出信号，生理系统在面临真正的疾病时，反而无法做出正确的反应。与此同时，在全身各处开始出现的炎症甚至会影响大脑。科学家也意识到压力和创伤对人体免疫系统和大脑的巨大影响，甚至为此开辟了一门新的学科——心理神经免疫学，专注于身心联结的研究。目前，从抑郁症、焦虑症到精神错乱等许多心理功能失调和精神疾病都已经被研究证实其起因与脑部炎症有关。

鉴于失调可能引发的破坏性后果，健康的战斗或逃跑机制对人体是至关重要的。一旦免疫系统失去动态复原能力，处于被持续激活的状态，那么免疫系统就可能最终导致严重的全身炎症反应。巴塞尔·范德考克博士在其《身体从未忘记：心理创伤疗愈中的大脑、心智和身体》一书中说："只要创伤没有得到解决，身体为自我保护而分泌的应激激素就会不断循环。"[38, 39, 40, 41] 身体必须投入过多的资源来"抑制创伤导致的内在混乱"，或是抑制被过度激活的战斗或逃跑反应，这样的资源分配会把我们进一步推向失调状态，形成一个不断重复的恶性生理循环。

压力会影响所有的生理系统，包括肠胃。肠胃问题成为焦虑症客户最常提到的问题之一并非巧合。当我们感到压力、恐惧或焦虑时，我们的身体在食物消化环节就会出现问题：要么憋得太久，导致便秘；要么释放得太快，导致肠易激综合征或腹泻。压力还会影响我们对食物的选择，以及肠道中的微生物群系构成，而肠道中的微生物群系可以直接与大脑"对话"。这样一来就可能导致身体缺乏一些必要的营养物质，其流失方式可能表现为：分解、吸收过程过长或未开始分解就将其排出。于是，体内其他生理系统也会受到消化系统的影响而变得更糟。

对于长期处于压抑状态的人来说,压力与疾病之间的联系带来的伤害尤为明显[42]。压迫性社会环境会使得个体处于近乎持续的创伤状态,进而诱发无休止的应激反应。因此,诸多实验能证明压抑环境会导致较高的生理和心理疾病发生率就不足为奇了。研究表明,在美国,黑人、原住民和有色人种群体中抑郁症和焦虑症的患病率较高,而且他们更有可能患上高血压、动脉钙化、腰背疼痛和癌症等疾病。还有一项值得关注的研究是一项为期 6 年的针对一组黑人妇女在日常生活中所面临的歧视性事件的跟踪调查[43],结果表明,那些表示自己遭遇过更多歧视性事件的人罹患乳腺癌的风险更高。我们对社会系统性压迫造成的广泛影响的理解,目前仅处于起步阶段。但值得庆幸的是,越来越多的学者致力于这一领域的相关研究调查和结果分析。总而言之,所有研究都指向一个事实:种族主义、偏见和偏执的影响会深入细胞层面,它们会以这样一种基础又极具破坏性的方式改变人们的身体。种族主义的影响存在于血液和骨骼中,并且代代相传。

多层迷走神经理论

我们已从前文了解到,未解决的创伤与糟糕的应对策略,能够在生理层面上影响我们的身体,压力有能力重塑个体所有的现实感知。新割下的青草的气味可以让你记起童年的创伤,陌生人的面庞可以让你无故怀有戒心或感到恐惧,听到儿时的情景喜剧的声音可以突然让你感到恶心……如果你是身在美国的黑人、原住民或有色人种，仅仅是走在大街上，或是从新闻报道中看到那些针对与你同种族的人的暴力事件，就可以激活你的创伤反应。一些人从未体验过安全感，他们总觉得天要塌下来了。

在我搬回费城后，也就是我会无故昏厥的那段时间里，我知道自己压力过大，但我仍然找不到让我昏厥的原因。在我的认知中，当时我所承受的工作和学业上的压力水平，不至于使我的身体产生如此强烈的反应。我的身体就在那样并没有遭受任何即时威胁的情况下，持续处于高度激活状态。

直到我开始研究精神病学家史蒂芬·伯格斯博士创建的多层迷走神经理论，了解到他提出的诸多开创性的关于创伤和应激反应的相关观点后，我才开始理解我总是无缘无故昏厥的原因。多层迷走神经理论让我明白，创伤会潜伏在我们的身体中，并持续地塑造我们的外在世界。

多层迷走神经指的是连接大脑和肠胃的迷走神经，这些神经上分布着许多感觉纤维分支，它遍布在身体的所有器官上——从脑干到心脏、肺部、生殖器官，它是各大主要器官与大脑之间的信息通道。正是因为迷走神经的分布之广和功能之强大，当我们感到压力时，身体就会整体联动进而做出即时反应。比如：当你遇到前任时会心跳加速，感到惊恐时会呼吸困难，以及我在感到压力时会突然昏厥（或失去意识）。

当我们处于稳态平衡时，迷走神经也处于稳定状态，此时它的作用是帮助我们保持镇定和开放，成为最适合社交的那个自己。而当迷走神经在压力状态下被激活并进入防御状态时，战斗或逃跑反应机制就会马上发挥作用。

转为"学习脑"模式

我接手过的大多数客户都生活在一种近乎持续的战斗或逃跑反应当中。这种应激反应是自主神经系统的自动功能，自主神经系统在整个神经系统的调节中负责不需要动用意识的那部分功能，包括心跳、呼吸和消化。

自主神经系统负责掌管身体资源的恰当分配，它能够实时分析我们的内在状态和外界环境，并提醒我们："是否应该小心点儿？当下的情况是否危险？这个人是伙伴还是敌人？身体是否补充了足够的水分和食物？"自主神经系统用神经觉（neuroception，即在我们的意识之外运作的"第六感"）来评估我们的环境，并将人、地点和事件二元地分为安全或不安全。

当自主神经系统判定所处环境是安全的，迷走神经就会设法让身体放松，让副交感神经系统（也就是所谓的"休息消化"系统）接管身体。迷走神经向心脏发出信号，让它适当缓和下来；消化系统开始愉快地工作，将营养物质适当地分配给身体各部位；肺部开始放松地扩张，以便吸入更多的氧气。在这种平和的状态下，我们就进入了所谓的社会参与模式，此时我们会感到安全和安心，更容易与他人联结。

当我们处于社会参与模式时，我们会表现得更迷人、更友好。我们的笑容看起来更真诚（迷走神经可以连接到脸部肌肉），我们的声音听起来更动听（迷走神经同样也能连接到喉部），听力也更加敏锐（迷走神经还能连接中耳肌肉，帮助肌肉扩张，以便我们可以听到更多人平和的声音），连口腔内部也更加湿润（是的，迷走神经还可以连接到唾液腺）。

当我们处于这种平和开放的副交感状态时，大脑就可以得到更多的体内资源，发挥更高级别的功能，比如规划未来、自我激励、解决问题和情绪调节。在这种状态下，我们不再竭尽心力地试图生存下去，我们可以真实地做自己。这是一种玩乐、开心、充满同情和爱的状态。我将这种状态称作"学习脑"，此刻的我们对世界保持着灵活、开放、平静、安宁和好奇的心态，这些都是生命初期在神经和行为发展方面必备的关键状态。在这个状态下，我们更有可能从错误中学习，在跌倒时爬起。

战斗或逃跑反应机制

当我们感受到威胁时，我们的身体就会进入应激模式，也就是启动战斗或逃跑反应机制，它由交感系统激活，是副交感状态的对立状态。

当这种反应机制被激活，迷走神经会向交感神经系统发出求救信号，使我们的心脏更加有力、快速地跳动，启动肾上腺的应激反应，提升皮质醇的分泌水平，并提高体温，让我们开始出汗。

在这种高度紧张的状态下，我们自然就进入一个完全不同的感官世界。此时我们对疼痛的感觉会变得迟钝，对环境中嘈杂和令人紧张的声音更加敏感，失去对于气味的细微差别的辨别能力。在这样的反应机制下，我们的外在表现也会完全不一样——眼神呆滞，眉头紧皱，肩背弓起，摆出一副自我防御的架势，声音变得紧张而不自然。中耳肌肉的闭合让我们更多地接收到低频和高频的声频信号（即所谓的捕食者声音）。目光所及的

自愈力

一切都好像有可能对我们造成伤害，平日里他人平静的面容此刻变得充满敌意，恐惧的面容此刻充满愤怒，友好的面容此刻让人生疑，身体做好了随时战斗的准备。（这就是我们从祖先那里继承的进化历程中的必备反应，是他们在面对诸如野生动物、饥荒或战争之类的不间断的新威胁时建立的适应性反应机制。）假如我们确实面对着严重的威胁，这种反应机制的确可以帮助和保护我们。日常生活中的一些场景也同样会激活这种反应机制，比如你收到老板的短信时，或眼看电脑在工作无法完成的情况下还死机时。

除了前文提到的与慢性压力状态相关的健康问题之外，过度活跃的交感神经反应系统也会引发一系列问题，其中最常见的情绪模式和关系模式包括：

- 缺乏情绪韧性
- 无法和他人建立有意义的联结
- 无法集中注意力
- 难以完成较高层次的认知任务，如规划未来
- 无法延迟满足

我们需要了解的很重要的一点是，启动战斗或逃跑反应机制是在潜意识状态中完成的。我们的身体对潜在的威胁的反应是本能的且不由自主的，这并不是我们主动的选择。我们不应该责怪一个处于战斗模式并产生过激反应的人，就像不应该责怪一个人在运动时汗出得太多一样。

冻结状态

前文已经提到了最为人所熟知的两种反应机制——战斗和逃跑，事实上还有第三种，也就是伯格斯博士在 20 世纪 90 年代那篇关于多层迷走神经理论的论文中所提到的"冻结状态"。

我们的迷走神经有两条通路。社交激活和参与模式由其中一条通路掌管，这条通路上是有髓神经纤维，神经表面被一层脂肪包裹，因此可以更快地启动和暂停。第二条通路是无髓神经纤维，这是一条更加原始的通路，启动和暂停的过程都比较漫长。事实上，与人类一样也有这条神经回路的不是猿类，而是爬行动物。

当第二条通路被激活时，我们会处于冻结状态，身体机能基本关闭，心率和新陈代谢变得非常缓慢，肠道工作节奏也会紊乱，呼吸可能停止，进而可能导致昏迷。这种情况会在身体感知到没有生存希望时发生。专注于多层迷走神经理论研究的心理治疗师贾斯廷·桑塞里曾描述过这种冻结状态："当你远远看到一只熊，你的行动模式会被激活，因为你的身体已经准备好让你飞奔逃跑。但如果黑熊已经到了你身边，你的身体就会直接放弃逃跑，然后装死。"

简单地说这就是一种自我解离状态，在这种状态下，人们会在精神上与自己的身体分开。许多人和我一样，可以做到一边在表面上与人互动，一边在精神上逃到自己的"太空飞船"之上。一些人的解离状态太过彻底，以至于有时他们会分不清现实和梦境，另一些人则会出现失忆症。无论解离状态的程度如何，这种创伤反应机制解释了为什么许多人对过往并没有过多的记忆（毕竟我们的身心没有完全在场）。现在，我们能够更好地理解，为什么从自我解离状态中脱离出来是一件不太容易的事情——因为无髓神经在冻结模式下无法快速恢复。

压力导致的应激反应

许多客户、朋友和线上自我疗愈者社群成员都曾向我反映，他们无法建立良好的人际关系："我似乎无法与任何人建立联结，我也想要朋友，但我似乎无法和他人建立任何有情感深度的关系。没有人了解真正的我，我无法找到真爱。"

在我深入研究了多层迷走神经理论的相关文献后，我意识到，一般来说，无法与他人建立真正的亲密关系并不是因为某些个性上的缺陷，而是因为这个行为本身是神经系统对我们所处环境的一种反应方式，即迷走紧张导致的。当我们处于糟糕的迷走紧张状态时，我们对环境中潜在的威胁具备更高的感知敏感度，这会使得身体的应激反应被过度激活，导致情绪和注意力的整体调节能力下降。

有社交焦虑的人应该都感受过这样的脱节状态。想象你要参加一个全是陌生人的派对，你可能会过度纠结于穿什么衣服，想象着每一个细节和每一个可能谈论的话题，又或者你并没有什么特别的感觉，很淡定，完全没有任何征兆显示你将感到不适。但在你真正走入房间之后，无论此前你属于上述哪种情况，一切都显得不重要了——

突然间，所有的目光都集中在你身上。当你听到笑声，你的脸变得又烫又红，你确定他们的笑声是因你的衣服或头发而起。

当有人与你擦肩而过，你感到幽闭恐惧。所有的陌生人似乎都在邪恶地看着你，即使理智上你清楚这并不是一个充满敌意的地方，并没有人盯着你看或评判你。（即使他们果真这么做了，又有谁在乎呢？）但事实是，你一旦被困在这种焦虑当中，就很难靠理智摆脱这些感觉。

这是因为你的潜意识在一个没有威胁的环境（聚会）中感知到了威胁（利用神经系统的神经觉，即第六感），并且激活了各大生理系统，让你进入了战斗（与所有人争论）、逃跑（离开聚会）或冻结（一言不发）的状态。此时的社交空间已然成了一个充满威胁的环境。

更糟的是，这种神经系统失调还会反复进行自我确认。当这个状态被激活时，任何不能引起你不安的东西（友好的面孔）都会被你的神经觉忽略，它会选择性地捕捉那些能让你更加不安的信号（如让你以为是故意针对你的那种漫不经心的笑）。就连那些当你处于社会参与模式时会视为友好的社交信号，比如谈话中等你回应的停顿、友好的眼神接触或微笑，也会被误解或忽略。

人类是社交型生物，我们需要彼此联结才能生存。然而，由于未解决的创伤导致的神经系统失调，会使我们无法满足自身社交需求，使得我们游离于情感之外，终日困于无法与他人联结的无奈之中。

协同调节

当我们被困在创伤反应中时，我们的神经觉就有可能变得不准确。它会让我们误读周遭环境，错误地标示威胁，使我们处在过度活跃的战斗或逃跑状态，以此往复。仅是理解产生这种情况的原因，并不能解决我们的社交问题。麻烦在于，我们的神经系统状态是一个反馈循环。正如伯格斯博士所说："我们反映的是周围人的自发状态。"[44]

当我们感到安全时，这种状态会体现在我们的眼神、声音和肢体语言中，我们的精神和身体都完全处于当下，举止和形态轻盈且放松。这种安全感会在他人辨识周遭环境中的威胁时，通过协同调节作用传递给他人，使得他人也同样感到安全，并进入让他们感到轻松自在的社会参与模式。我们的能量和状态是可传递的，我们会感觉自己在某些人身边时更友好、更平静，这是因为我们的神经系统联结上了对方的神经系统。此时，有助于让人们产生亲近感的催产素会大量释放，帮助我们在情绪上进一步与他人联结，而处于恋爱关系之中的人就会开始向往肉体上的结合。安全感营造出一个舒适的共同空间，催生出相互的联结。

协同调节的能力于孩提时期开始形成。就像我们在前文中所讲的那样，父母会以一种微妙又深刻的方式影响和制约着我们。我们从亲人那里学到的最重要的行为之一，就是运用内在应对策略让我们凭借自己的能力，在经受压力的时候重回安全而有创造力的社会参与模式中去。如果你成长于充满平静和疗愈能量的环境中，你的神经系统不仅会内化这种环境，还会将这种平静和疗愈的能量向外投射。在这样安全的环境之中，我们的迷走神经就能够正常运作，我们就可以自如地回到副交感神经的平衡或稳定状态之中。

但如果你成长在一个混乱的环境里，常常目睹他人的过度反应、大发脾气、情感解离或恐惧的状态，那么在这样的生存压力（只希望自己能继续活下去）的影响下，你的内在资源会专注于管理压力，无法让你自如地回到安全的社会参与模式。我们都知道，孩子在成长过程中极具依赖性，如果父母提供的是这样一个混乱的、充满压力的环境，孩子就会将这种状态内化并泛化——我的父母感到了威胁，我感到威胁是因为他们的回应不能让我满意，世界原来就是这样一个充满威胁的地方。这种"生存脑"（与社会参与模式的"学习脑"相反）会过度关注感知到的威胁，以非黑即白的硬性思维方式思考问题，并且这种由恐慌驱动的自我确认过程常常循环往复，令人难以释怀。这样的状态会使得我们非常害怕犯错，失败时，我们就会更倾向于乱发脾气、崩溃，或者完全与外界隔离。

例如，在派对上，我们很可能无法摆脱我们的迷走神经反应，因为我们会将这种内在状态投射给所有接触我们的人，然后再由他们将这种状态投射回来，让我们停滞在迷走紧张状态之中，最终导致情绪成瘾。

情绪成瘾

当我们无法正确处理创伤，它就会开始控制我们的表达，重塑我们的自主反应。我们的心智和身体都会依赖起强烈的生理反应，这种反应来自与创伤经历相关的神经递质的释放，而且在这个过程中，创伤经历会在大脑神经通路中被反复巩固。换句话说，大脑会主动渴望与创伤相关的那些感觉，这就是情绪成瘾的成因。

一个情绪成瘾者典型的一天可能是这样的：

早上醒来，恐惧感也扑面而来。闹钟响起，是时候起床并为上班做准备了。随即，你的脑海中出现每个清晨都会产生的想法："我得来杯咖啡，通勤要花上45分钟。现在必须先洗个澡。真希望今天是周五。"你的大脑同往日一样转着，不断地向你叙述着接下来需要完成的各个事项（虽然你打心底里希望你可以选择不做）。这些想法给你造成的心理压力导致你的身体在下床前就做出了反应：心跳加快，呼吸急促，神经系统感到紧张，释放出压力激素。在去公司的路上，你又遇到了堵车，你早就预料到了这个场景，因为这几乎是每天都要重演一遍的内容，你的脑海中迅速出现批评的声音："应该早点儿出门！"你讨厌通勤。你压抑并积攒着在上述这段过程中产生的所有挫败感和愤怒，一进入办公室，你就开始向同事抱怨，你感到倾诉一下还不错。但当你准备开始工作，打开邮箱时，你的心跳又开始加速，胃部也感到紧缩。随即你又花了一些时间宣泄，于是你感觉好些了。这样的情绪动态就在工作时段不断循环。

终于下班了，到家时你已经精疲力竭——这是在情绪过山车上生活了一天的正常反应。为了放松，你喝了一杯酒。由于过于疲惫，你无法感受当下，无法与你的伴侣联结。你选择追剧。刑侦剧紧张的剧情让你重新感受到白天的情绪刺激，你喜欢剧中的不确定性，以及它带来的让你坐立不安的感觉，你甚至因为这样的感觉而感到满足（这还因为酒让你感到更放松）。最终你在沙发上睡着了，凌晨两点醒来时又回到床上，新一天的"情绪过山车"又从床上开始。

身体会因为反复参与这些场景而将这种状态下的我们视为熟悉的自己。理想情况下，当我们感受到一种强烈的情绪，我们的应激反应或冻结反应就会被触发，帮助我们迅速回到社会参与模式的基线状态。触发反应机制的状态是不愉快且危险的，但困在情绪成瘾的循环之中的人的感觉还不错，重回自己熟悉的情绪可能是让情绪成瘾者产生感觉的唯一方式。我们的身体在这个过程中会通过释放皮质醇等激素和多巴胺等神经化学物质（它们可以从根本上改变细胞的化学结构）来回应这些感觉，因此我们需要一次又一次地寻找同一种情绪冲击，那种感受虽然让我们感到压力或悲伤，但它也是我们孩提时期经历过的且让我们感到熟悉和安全的感觉。

比方说，孩提时期，我的家庭里压力和恐惧占据了统治地位，这些感觉将所有家庭成员联结在一起，成为真正的亲密情感的替身。与其说我与其他家庭成员之间存在真正心灵和观念上的联结，不如说我们只是因闹剧和痛苦被捆绑在一起，每一次我们都因新的危机（母亲的健康问题、粗鲁的邻居）而手忙脚乱地抱团。当事情解决之后，家里便处于没有这些负面情绪的"情感低潮期"，这时，我们反而还会觉得沉闷。

当我摆脱了情绪成瘾的循环，我觉得自己像是变了个人。我的身体太习惯于肾上腺素、皮质醇和其他剧烈的激素反应了，以至于我在成年后继续无意识地追寻着它们，以重复孩提时期建立的情感基线状态。无法找回孩提时期常常经历的情绪起伏时，我还会感到无聊和焦躁。

这就解释了为什么我在恋爱关系中常常会没事找事地挑起事端，在面对临近的工作时会感到恐慌，在试图放松时反而身陷焦虑——这些都是因为我的身体在将我拉回童年熟悉的压力感受之中。

我的一些客户还会提到，他们在看新闻的过程中体验到的愤怒实际上让他们感到愉悦。他们渴望那种愤怒或厌恶的情绪冲动，这是他们能够真正感受到的刺激，因为他们的身体已经养成了基于高强度的情绪基线之上运作的习惯。此外，个体的恋爱关系也是情绪成瘾循环的重灾区。我的许多客户都发现自己常与那些不可预测或不可靠的人建立亲密关系，因为他们自己就是这样的人，他们无法理解自己的情绪，这让他们感到焦虑。他们的大部分想法来源都是所爱之人提供的反馈，对方的一举一动都可以成为他们过度分析的对象。理智上，他们知道他们渴望的是拥有与眼前这个人完全相反的特质的伴侣，他们想要与负责任且明了自身感受的人建立亲密关系。然而，他们却不断地回到相同的相处模式之中，因为这让他们感到刺激。就这样，他们深陷在不可预知性的循环以及由此获得的强大生化反应之中，无法抽离。

随着时间的推移（就像其他成瘾一样，比如对糖或性、对毒品或酒精成瘾），我们的身体需要更多更强烈的体验来得到同样的化学物质刺激。潜意识让我们更倾向于选择投身到可以刺激更多激素分泌的情境中去：不稳定的亲密关系，让我们感到害怕和愤怒的新闻，允许我们在网上挑起争端的社交媒体。这也解释了为什么我们总爱找朋友宣泄以及不停地抱怨——这些行为可以让情绪起伏维持在高阈值状态。未激活状态下的生活平淡、沉闷且陌生，我们的身体和心智渴求熟悉感，即使那会造成痛苦，即使最终回想时会令我们感到羞愧和困惑。

回到原点

持续的情绪成瘾循环会加剧创伤身体的其他功能障碍，我的客户都会提及的一个主要身体病症就是慢性炎症和肠道问题。

由于迷走神经与肠道相连，当迷走神经功能失调或应答无力时，消化系统也会跟着受到影响。当我们进入战斗或逃跑模式时，多种压力激素会协力激活身体系统使之释放细胞因子等炎性介质，进而引起更多的炎症。神经系统的失调和对高度应激状态的无意识上瘾，是引发许多心理和身体病症的关键原因。

理解神经系统失调的原因，并明白这种压力反应不受意识控制，可以合理地解释一些行为：为什么我们在人头攒动的房间里会感到孤独？为什么我们会选择通过药物来麻痹自然的生理反应？为什么我们会突然大发雷霆、逃跑或解离？这些都是基于孩提时期协同调节的相关经历的选择。

然而，故事并不会到此结束。

下一章，我们将了解一些能够改善迷走神经以及掌控神经系统反应的方法。学会掌控和利用迷走神经的力量，是我们能够在早期自我疗愈之旅中踏出的最有效且最有力的一步，我希望下列方法能够对你有所帮助。

自我疗愈之旅：评估神经系统失调状况

第一步：自我观察

神经系统失调是指个体因处于循环应激状态或因长时间经受压力而引起的相关病症。理想情况下，当个体直面压力时，神经系统会被激活，帮助身体恢复到平衡的基线状态，正常地作息和消化。而当神经系统无法进行自我调节时，个体就无法在压力环境中恢复到正常状态，进而导致以下症状的出现：

- 可能出现的心理及情绪症状
    - 应激症状：羞愧、内疚、情绪波动、害怕、恐慌、具有攻击性、焦虑、愤怒、恐惧、局促不安、自责、不知所措
    - 封锁症状：无法与他人联结、无法产生共情、完全沉浸于自己的世界之中、麻木、丧失清晰思考的能力、害怕发言、害怕被关注
- 可能出现的身体症状
    - 过度警觉症状：失眠、做噩梦、神经质（易受惊）、害怕响亮的声音、战栗、发抖、心跳加速、偏头痛、消化问题、自身免疫紊乱
    - 紧张症状：磨牙、偏头痛、肌肉紧张、肌肉疼痛、疲惫、慢性疲劳
- 可能出现的社交症状
    - 依恋症状：推拉型或逃避型关系模式、一直处于害怕被抛弃的忧虑之中（具体体现是过于黏人或无法独处）
    - 情绪症状：交往中无界限、交往中设定了过于僵化和绝对的边界、社交焦虑、易怒、社交回避

在一周之内，每天花一些时间观察自己的身体（可以参照第 39 页"唤醒你的意识"部分的内容进行练习），把你观察到的神经系统失调症状记录下来。

第二步：重建神经系统平衡

了解了自身神经系统活动状态的你已经迈出了自我疗愈的重要一步。结合下文提示进行每日练习有助于改善神经系统调节功能，进而帮助你与自己、他人和世界以新的方式建立联结。

每天专注于其中一项练习，在感觉舒适的强度范围内练习即可。已经养成写日记的习惯的人可以在每次练习完毕之后记录自己的身体感受。

- 沉浸在当下：在当下环境中，锁定一种听觉、味觉或视觉刺激，有意识地将自己全部的注意力集中在感官体验之上。
- 观想：闭上眼睛，深呼吸。想象心脏位置有束白光，将手放在胸口，反复默念"我很安全，我很平静"。每天练习三次，早上起床前和晚上入睡前是绝好的时间段。
- 在摄入信息时唤醒意识：当你读取信息时，你的神经系统也在同步阅读，留心此刻你的身体感觉，是感觉学到了新东西，还是感到能量耗尽和恐惧？避开会让你产生焦虑和恐惧情绪的媒介将会对你的自我疗愈有所帮助。
- 感受大自然：出门体验自然环境中的所有小细节。观察花的颜色，在树下坐坐，赤脚踏上草坪，光着脚感受水流，感受微风拂过身体。大自然是能够帮助我们重置神经系统的天然平衡器。

当你开始利用上述新方法来帮助自己找回神经系统的平衡时，请记住，持之以恒是使练习见效的关键。许多人的神经失调症状已经持续太久，所以疗愈过程也相应需要更多时间，但请相信，最终你一定可以实现自我疗愈。

未来自我日记：重建平衡

以下是一个未来自我日记模板，我每天都用它来练习在日常生活中创造新的神经系统平衡体验。为了完成这一过程，你可能会用到以下提示语，当然，你也可以设计一份属于自己的模板。

今天我练习了重建神经系统的平衡。
我很感激生活中有让人体验到平静时刻的机会。
今天，我为自己打造了一个身体急需的平静时刻。
这方面的改变让我感到更加平静。
今天，我完成了于当下找寻安全感 / 观想练习 / 在摄入信息时唤醒意识 / 花一分钟感受大自然的练习。

第 5 章

心身疗愈的方法

对神经系统和多层迷走神经理论的思考和认识，使我摆脱了长久以来阻碍我前进的羞耻感。我理解了自己在许多方面的挣扎，包括我的行为模式、循环性想法、情绪爆发，以及我那不存在真正联结的恋爱关系，这一切都能从生理学层面得到合理解释——它们源于我失调的身体。我不是一个糟糕的人，我也没被打败。事实上，这些习惯和行为模式只是我的身体为了保全自己而习得的反应机制，它们是我得以继续存活的基础。我已经能够理解，单纯使用"好"或"坏"这样的二元评价指标来理解身心之间极为复杂的相互作用是一种过于天真的行为。

虽然我某些方面的行为并不受意识掌控，但这并不意味着我应该完全听任身体摆布。虽然我的生活仍然伴随着未解决的创伤以及迷走神经功能较弱，但这并不代表着我永远无法改变。事实恰恰相反：如果我的身体可以习得失调的应对机制，它同样也可以重新习得回复到健康的平衡状态的方法。根据表观遗传学研究，我们知道了基因的选择性表达有发生转变的可能性；根据神经可塑性相关理论，我们知道了大脑神经元之间拥有形成新通路的可能性；根据意识自我相关实验，我们知道了所思能够改变所见；根据多层迷走神经理论，我们知道了神经系统能够影响体内所有其他系统。当我们开始一层层解开身心联结问题的迷思，我们就开始真正地认识自己，并有能力领悟疗愈的内在潜力。无论过去我们经历过怎样严重的创伤，作为成年人的我们有能力选择摆脱它的影响并重建自身的平衡。我们可以利用身体力量来疗愈心灵，也可以利用心灵力量来疗愈身体。

还记得艾里吗？之前我们提到的那位了不起的女士。她的故事让我对我们内在的那股能够驱使现实发生改变的不可思议的力量有了更深刻的理解。在确诊多发性硬化症之后，艾里对新药产生不良反应，诊疗结果让她陷入震惊和对未来的不确定之中，灵魂的至暗时刻将她引向转变之路，并使她对美好生活产生了强烈的渴望。

一开始，艾里每天致力于完成对自己的小承诺，随着时间的推移，她建立了足够的自我信任，并开始观察自己的创伤反应。她回忆起早年被严重霸凌的时光，并允许自己去感受情绪的起伏，她注意到身体对于恐惧和悲伤情绪的反应，并听之任之地静静感受，不加评判和责备。

在这个过程中，艾里找到了对自己来说最有力且最愉悦的掌控神经系统反应的方法。她听从了自己的直觉：她想唱歌，于是报名参加了声乐课程，与她内心暴虐的批判者（潜意识中让她保持原样以求舒适的力量）做斗争，并在每堂课之前与贯穿她身体的恐惧做斗争。这个过程让她的肾上腺素飙升，使她感到兴奋和自豪。在这个过程中，她放下了自己对于完美的执念，单纯地投入表演和创作的喜悦之中。现在,她能唱歌、能弹吉他、能拉小提琴,并开始尝试创作自己的音乐作品。她甚至被选中担任一部音乐剧的演员,这让她的内在小孩充满自豪。

一路走来,她还保持着做瑜伽的习惯,这使她那数月前每天只能躺在床和沙发上的身体变得更加强壮。瑜伽帮助她提升了对于不适感的耐受度,并培养了她在压力环境下的韧性。此外,她一直按照华尔斯博士关于自身免疫失调和炎症的食疗方案安排饮食,饮食结构上的调整也给她的生活带来极大的改变。

当时的艾里还不知道,她为改变而做的每一次练习都在磨炼和加强她的身心联结,而且这对能够帮助身体恢复平衡和达成自我疗愈的神经系统来说尤其有益。她的坚持得到了惊人的效果:她成功减重30公斤,认知能力得到改善,不再被脑雾和记忆力衰退困扰。她感到自己充满活力,头脑清醒,目标明确。更加令人吃惊的是,她不再需要服用多发性硬化症的药物。在写作本书之时我得到的最新消息是,她的病情已经得到了完全缓解。

她曾在播客中说道:"我离开了熟悉的环境,接触陌生的人和事,我从未想过我能活成今天这样,这比我能想象到的最佳状况还要好太多太多。生活是疯狂的、美丽的、充满挑战的,尽管会遇上黑暗和严峻的时刻,但光明最终总会到来。我感恩我的生活。"

艾里的戏剧性转变为身心联结的巨大力量提供了一个漂亮的实例。她的故事证明,要实现身心健康需要每日坚持不懈地努力,同时证明了一个鼓舞人心的事实:无论处境多么令人崩溃、失控、疲惫或看不到希望,改变都是可能发生的。

自上而下，自下而上

　　自我疗愈之旅始于找到身体的真实诉求，并与直觉自我重新联结。这一步从观察自己的行为开始："我的身体是如何反应的？我的身体需要什么？"向自己发问并聆听身体的回应，艾里就这样找到了对唱歌的热情。听从内心的指引有助于激活迷走神经并帮助神经系统重建平衡秩序。此前，艾里对自己的神经系统运作方式一无所知，通过感受身体反应，她得以从直觉上了解哪种疗愈方式最适合她。我们都应该向艾里学习，充分利用身体提供给我们的有益反馈。

　　尽管神经系统反应是自动的，我们仍然有办法改善迷走紧张，掌控你在直面压力时的反应机制，并且更快地回到开放性的、充满爱的、安全的社会参与模式中去。就目前而言，这是一个成果丰硕的新兴研究领域，每天都在不断涌现新成果。许多研究人员正在研究通过刺激迷走神经（具体操作是在人体内植入能够直接向迷走神经提供电脉冲的部件）治疗一系列病症（癫痫、抑郁症、肥胖症、心肺功能衰竭）的可能性。为了避免外界的过度干预，研究思路是仅激活在个体控制范围内的部分自主神经系统，如有关呼吸和发声的神经。

　　你可能还记得前文提到的迷走神经通路的双向性——信号既可以从身体传递到大脑，也可以从大脑传递给身体。将信号从大脑传递给身体的过程就是"自上而下"，即利用大脑来引导身体完成疗愈，具体措施包括冥想。冥想练习在训练专注度的过程中能够帮助你调节自主神经系统反应。反向的过程就是"自下而上"，即运用身体的力量来影响大脑。本书中讨论的大多数涉及多层迷走神经的练习均是基于这个过程，例如呼吸练习、冷疗法和理疗瑜伽。

虽然许多内在的自上而下和自下而上的过程是我们无法控制和干预的，但我们可以有意识地选择一些特定的调节方式来帮助自己减少心理压力、减缓神经系统的交感反应，甚至增强肌肉骨骼和心血管系统。此外，在一个安全和受控的环境中主动激活、挑战和回应迷走神经，能够帮助我们建立韧性以及学习与不适感共存，而这是帮助迷走神经培养在不利环境中快速复原的能力的关键。

既然你已经准备开始为调节迷走神经付出努力，你就应该知道你必将体会到不适感。不要把自己逼得太紧，应该将不适感控制在我们的承受范围之内，以柔和的方式循序渐进，这样才能更接近疗愈状态。很重要的一点是，自我疗愈应该在一个安全、稳定的环境下进行，要确保在那个环境中我们可以掌控身心所承受的压力和挑战。这样我们就可以在安全范围内发挥自己百分百的努力，为应对无法掌控的压力做好充分准备。

以下是我们可以掌握的一些最有效、最实用的方法，通过这些方法我们可以利用自身身体力量来恢复平衡并建立韧性。所有练习都会在加强身心联结和改善迷走神经方面起到重要作用，这也是整体疗愈法的基础。

肠道疗愈

大多数客户都向我讲述过他们对食物的复杂感受，而且在生活中他们经常会出现慢性肠道问题和消化系统问题。对这部分人来说，理解摄入的营养对身体的影响，以及身体状态对精神状态的影响是大有裨益的。

很少有人能真正满足身体的营养需求，我们更倾向于根据自己的感觉（悲伤、无聊、快乐、孤独、兴奋）选择食物，或者是另外根据自己的需要、习惯或安排来选择食物。这些食物摄入模式都会使我们无法满足身体的实际营养需求，这种需求并非固定不变，它也会因后天环境和习惯而改变。当我们还是婴儿时，我们会被基本需求所驱动——饿了就哭，吃饱了就干别的。婴儿非常清楚自己的喜恶，他们完全由生理反应所驱动，这也让全世界的父母很苦恼。等婴儿再长大一些，他们就习得了许多其他吃喝的理由，也开始学会不再听从内在需求。孩提时期所承受的长期且压倒性的压力会使我们的身体系统难以恢复稳态，难以正确地完成消化工作，关于创伤对生活及肠胃失调问题的影响的各项研究已经反复证实了这一结论[45]。如果我们能足够细心地去聆听自己身体的需求，我们就有机会重拾这种失去的能力。我们的身体能通过肠胃和大脑之间传递的信号与我们沟通，我们只需要仔细倾听。

人的肠道中大约有 5 亿个神经元，它们可以通过一条被称为脑肠轴的通道与大脑直接进行对话，这也是最常研究的身心联结的案例课题之一。脑肠轴像一条跑满信号的高速公路，这些信号承载的内容包括人体饥饿程度、所需营养物质、胃部对食物的处理速度，甚至食管肌肉收缩的时间等。迷走神经则是促使这些信号在我们的肠道和大脑之间更快传递的关键信使之一。

肠道中的肠壁上还广泛分布着大量的神经细胞网络，这些细胞网络构成了所谓的肠神经系统。这是一个由神经细胞组成的网状系统，构造十分复杂，以至于研究人员经常将其称作"第二大脑"。正如那些在大脑中发现的神经元一样，"第二大脑"中的神经细胞也在不断地与身体的各个部位进行沟通，发送释放激素的信号和化学信息。

肠神经系统通过生活在肠道内的各种细菌、真菌和其他微生物组成的微生物群系收集信息。肠道微生物在分解我们所摄入的食物时，会分泌神经递质，经由这些神经递质，微生物信息就可以传递到大脑。这些微生物影响着我们的现实表现。想象一下，当我们需要在一群人面前发言时，我们脱口而出的却是："不好意思，我的胃不舒服。"这是很可能真实发生的场景，我们的情绪状态能够让胃产生不适感。90%的神经递质都是血清素（5-羟色胺，俗称的"快乐激素"），虽然它也参与睡眠、记忆和学习，但它实际上是由肠道微生物在肠道中合成的。人们进而发现，如百忧解之类的选择性5-羟色胺再摄取抑制药等抗抑郁药，实际上作用于肠神经系统产生的血清素。这项重大发现直接推翻了学界旧日的认知，过去人们默认这些神经化学物质只能在大脑中产生，当我们出现心理问题时，我们会认为只有在大脑中才能找出根本原因并加以根除。现在我们知道，大脑只是体内一个更大的联结网络中的一小部分。

在创伤状态下，神经系统和肠道的生理性失调还会对消化系统产生不利影响，削弱人体从食物中吸收营养的能力。当身体遭受压力时，我们就无法进入副交感神经状态，无法向身体传送平静和安全的信号。丧失这类必要的反馈信号，会造成身体系统对摄入的食物做出错误反应，要么表现为腹泻，要么表现为便秘。身体的失调还可能反应在肠道问题上，失衡的微生物群系会阻碍人体从所摄入的食物中提取营养物质。久而久之，无论我们的饮食多么健康、丰富，身体仍有可能因为长期无法得到所需的营养物质，而出现营养不良的症状或感到饥饿。

假如饮食结构本身就不够健康，情况就会变得更糟。当我们摄入会对肠壁造成损害的食物，包括糖果、经过加工的碳水化合物和炎性脂肪（如反式脂肪和许多植物油）等，就会引发肠壁炎症。这些食物为肠道微生物群系中可能引发疾病的那部分"住户"提供了养料，这类微生物的存在就是导致肠道失调的根本原因，在肠道失调的情况下，体内环境会让无益的微生物更加猖獗。

当肠道菌群失调时，往往还会出现肠漏现象。正如其字面意思，肠漏指的是肠道内壁未能发挥原本的屏障作用，而是变得通透，使得细菌得以从此处进入身体的循环系统。当有害的细菌进入血液，免疫系统会做出反应，将这些细菌识别为异物，并增强免疫反应。正如前文提到的，这个过程会使得炎性介质（包括上一章提到的细胞因子）在全身范围内扩散。肠道内的长期炎症常常会引发更大面积和系统性的炎症[46]，这样一来，炎症反应会在体内肆虐，进而使我们感到不适、昏昏欲睡，甚至在某些情况下引发心理疾病。

研究表明，肠道菌群失调是一些心理疾病（包括抑郁症、自闭症、焦虑症、多动症，甚至是精神分裂症）的可能起因[47]。一些动物研究已经证实，体内微生物群系的健康水平下降（通常由不良饮食、压力和含有有毒化学物质的环境引起）与焦虑和抑郁等相关症状之间有直接联系[48]。一项研究的实验数据表明，患有抑郁症的人体内的一些有益菌菌株（实验中指粪球菌属和小杆菌属）含量较对照组的水平更低[49]。另一项研究的实验数据表明，患有精神分裂症的人病情越重，其体内的韦荣氏球菌属和毛螺菌属的含量就越高[50]。这一领域非常有探索前景，因此诞生了一门新兴的医学学科——神经免疫学，这是一门致力于探索肠道、免疫系统与大脑三者之间联系的学科。目前的研究已经说明，体内的炎症可以穿过血脑屏障进入大脑，从而引发大脑的炎症，进而引发一系列神经系统、心理和精神疾病。此外，相关研究结果表明，当我们通过特定的膳食与补充益生菌修复肠壁时，一些心理病症也极可能会得到缓解。最近的一些研究就发现，益生菌的使用能够减少患有比较严重的孤独症谱系障碍的孩子痛苦的社交和行为问题[51]。

改善肠道健康、维持体内微生物群系运作，以及维护肠壁功能完整性的最快的方法是，进食营养全面而丰富的食物。肠道和大脑之间的直接联系，能让你的每一餐都升级为一次进一步疗愈和吸收营养的机会。当我们将加工食物和不健康的食物从我们的饮食结构中剔除时，我们不应该有快乐被剥夺的感觉，而是应该将其视作一次令人兴奋的改善身心健康的机会。很少有心理治疗师会问你的饮食情况，尽管食物在心理健康方面起着如此重要的作用。除了多摄入你可以接受的营养丰富的食物，在饮食中搭配上富含天然益生菌的发酵食品，如酸菜、酸奶、牛奶酒和泡菜，也有益于保持肠道健康。

还有另一种已经获得广泛受众以及多项研究支持的营养学疗愈方法，那就是间歇性断食法[52]。这种方法的基本原理是有计划地断食，或者保持固定的不进食的时间间隔，这样能够在保证健康的前提下让消化系统得到休息，帮助改善迷走紧张。

具体措施包括全天断食、10 小时进食法，或者减少一天中的零食摄入量。间歇性断食可以让消化系统得到休息，暂时单一地专注于向胃肠道以外的地方提供能量。间歇性断食还有益于提高体内胰岛素敏感度并调节血糖，让我们避免成为总是饥肠辘辘、惦记着下一次糖分补充的"糖分消耗器"。在调整摄入的营养结构前，我对糖的依赖程度之深是尽人皆知的，外出时女朋友总会记得帮我带好零食，否则那一天就会因为我的情绪问题悲剧性地结束。那时的我靠糖分活着，摄入的糖分绝对是过量的。此外，还有研究表明，间歇性断食可以提高头脑敏锐度、学习能力和警觉性[53]。同时也要说明的是，相关研究表明，在身体适应间歇性断食之前，人们容易出现易怒的症状[54]，尤其是在进行间歇性断食的初期。

当我们开始间歇性断食并注重改善和调整营养结构时，我们的身体会自主学习如何从脂肪和蛋白质这些替代"燃料"中获取能量。这样一来，身体就能够在避免产生不适感的前提下保证我们在两餐之间的时间间隔，因为身体变得有能力从新型食物中获得同样充足的能量。当我们选择摄入加工食物和含糖食物，我们会一直感到饿的原因就是体内所需的营养物质未得到充分补充，这种形式的营养匮乏会导致饥饿信号持续向大脑传输，使我们总想吃零食，甚至让一些人暴饮暴食。从营养的角度看，我们吃了那么多却未能感到满足的原因就是，身体始终未能获取它所需要的东西。

当然，间歇性断食法未必适合每一个人，尤其是有进食障碍病史的人。另外，所有进食受限的人都不应尝试这种断食法。

自愈力

睡眠疗愈

既然我们已经关注到营养对自身身心的影响，我们就可以再了解一下其他可能无法满足身体基本需求的日常选择。除食物之外，我们最容易被剥夺的身体基本需求就发生在每天晚上：大多数人无法保证足够的睡眠时间。

睡眠问题的产生可以追溯到人们早年的经历。对我而言，孩提时期的夜晚，我的脑袋里总会堆满许多令人焦虑的想法。5岁的时候，我会躺在床上，眼睛睁得大大的，心中满是恐惧，觉得夜里的每一声动静都是小偷或绑匪准备伤害我的家人。当时的我就体验过因交感神经系统高度紧张而引发的焦虑状态。（当时我的饮食习惯也对我没有任何帮助，我的日常饮食包括大量的冰激凌、饼干和苏打水。）一到夜晚，大脑就不断地关注我的生理系统：肠道失衡、肾上腺素飙升、神经系统高度警惕。当我的心跳和呼吸加速时，脑海里就会产生一个有人正在试图非法闯入我家的场景。胃痛、腹胀和便秘症状在夜晚就转化为我的紧张和恐惧，这使得我辗转反侧，大多数情况下我的睡眠质量都很差。

通过众多的研究，我们已经知道，睡眠不足对健康是十分有害的，对正处于成长发育阶段的孩子来说更是如此。当我们睡觉时，身体会进行自我修复。这时，肠胃系统便有机会暂停消化过程并休息一下，大脑可以进行"自我清洗"并清除一些垃圾碎片，细胞也会开始再生。睡眠是终极疗愈的时间，身体的所有器官和系统，包括神经系统，都能从睡眠中受益。我们从关于睡眠不足的研究中可以得知，睡眠不足与抑郁症、心血管疾病、癌症、肥胖症和神经系统疾病（如阿尔茨海默病）都有关系。相关数据表明，45岁以上的人，若每晚睡眠时间少于6个小时，其心脏病发作或中风的风险会比那些睡眠时间更长的人高出一倍[55]。

睡眠是心理和身体健康的关键，但大多数人很少给睡眠足够的重视。有很多简单的方法可以帮助我们为睡眠做好准备并调整睡前身体状态。第一步，我们需要评估自身的实际睡眠时间——许多人并不了解自己的睡眠习惯，甚至对此抱有错误的幻想。我们可能会在晚上11点左右上床，紧接着在实际入睡前还会再玩一小时手机。仔细关注你的睡前行为，诚实地评估自己的睡眠模式。

改善睡眠的最重要的方法是帮助你的副交感神经系统放松，使其进入轻松快乐的状态。咖啡和酒精类物质会对快速眼动睡眠阶段（睡眠周期中最重要的阶段）产生直接的反作用，是人体进入这种完全放松的状态的最大生理性障碍。尽量将酒精和咖啡因的摄入限制在一定的时间段内，最好在睡前3小时停止饮酒，咖啡则最好只在中午之前喝。保持固定的睡前行为流程也很重要，因为它能让你的身体在真正上床前抢先一步进入副交感状态。最近我在下午5点左右，甚至在吃晚饭之前，就会收到睡眠应用的提示，提示我开始进行收尾工作。（我的日常睡觉时间是晚上9点左右。）在睡觉前的几个小时，我会关掉电子设备，花一些时间阅读或听音乐，并确保在睡觉前尽可能减少看电视的时间。洗个澡，让伴侣帮忙按摩，逗逗宠物——这些事情都有助于让身体恢复平静，使你更容易入睡并且提高睡眠连续性。

呼吸疗愈

我们已经知道自主神经系统是在意识控制之外自动运作的，但我们仍然拥有一部分身体的控制权。我们无法直接控制心脏跳动的频率或肝脏的排毒效率，但可以通过慢且深的呼吸，使心率降低，保持心情平静。我们可以通过吸入更多的空气，让空气从肺部转移到身体的其他部位，给所有的细胞供氧。我们也可以反其道而行之，通过快而短的呼吸来唤醒交感神经系统。我们可以利用呼吸的力量实现自主控制。

呼吸练习使我们能够与自主神经系统建立联系，这就像是在帮助迷走神经做平板支撑一样。我们已经知道，迷走神经是一条双向的信号高速公路，它不仅连接着大脑和肠胃，还延伸至身体的各个部位，包括肺、心脏和肝脏。当我们用呼吸来压制大脑中的唤醒机制时，就能够让大脑知道我们目前身处于一个不受威胁的环境之中，这个信息还会被共享给身体的其他系统。呼吸练习本质上就是一种自下而上的多层迷走神经调节方法。

研究表明，每日进行呼吸练习与寿命的增加呈正相关[56]。其基本原理是通过对应激反应的管理，减少身体的炎症反应，并刺激能够保养染色体中与长寿有关的部分（即染色体端粒）的激素分泌。根据詹姆斯·内斯特所作的《呼吸：一门失落的艺术的新科学》（*Breath：The New Science of a Lost Art*）一书，一项针对5200人进行的长达20年的研究表明："寿命最主要的影响指标并不是像许多人以为的那样是遗传因素、饮食或日常运动量，而是肺容量。肺容量越大，人的寿命越长——因为肺容量越大，我们就越能通过更少的呼吸次数获取更多的空气。"[57] 浅呼吸（尤其是口呼吸）可能引起各种疾病（从高血压到注意缺陷多动障碍）的产生或恶化，它还会导致我们体内基础营养的流失以及骨骼结构的弱化。

最令人惊奇的呼吸力量的掌控者之一是维姆·霍夫，外号"冰人"。霍夫在冰浴项目上屡次创下吉尼斯世界纪录，最长的一次中，他让自己沉浸在冰水中近两个小时，此外他还于北极圈内完成了赤脚且不穿衣服的马拉松。他在《成为冰人》一书中这样写道："你的心智会给予你力量，它是你的智慧伴侣。掌握了心智的方向盘，你就能去任何想去的地方。"[58]

简单来说，霍夫的呼吸法是用鼻子吸气，用嘴巴呼气，然后憋气，这样可以刺激肺部并使其扩张。他常常把这个过程与低温环境结合起来，这是另一种通过自下而上的过程挑战身体极限的方式，能够正向地刺激迷走神经。

我当然无法像霍夫一样，我更喜欢让身体尽可能轻松舒适地接受挑战。有许多呼吸练习值得大家尝试和探索，以下是我最喜欢的呼吸练习步骤。假如你有条件（时间和场所）完成这项相对来说步骤较多的练习，你不妨试试看：

1. 尽量在空腹状态下进行（晨起后或睡前尤佳）。

2. 选择一处没有干扰且舒适的角落，选择合适的姿势（坐下或躺下）。

3. 往腹部最深处，深深地吸一口气。

4. 当吸气过程到达极限时，停下来，屏住呼吸，保持2~3秒。

5. 缓慢且均匀地呼气，不需要用力，以一个周期（一次吸气加一次呼气）为一次完整的练习。

　　6. 以上过程重复 10 次。

　　我每天早上醒来后都会以这个练习来开启我的一天。我每天都会花 5 分钟练习，这个过程听上去似乎很短，但当你开始这项练习时你就会发现，坚持 5 分钟本身就是极具挑战性的。对于初学者，我建议一次练习最长不应超过一分钟。随着练习次数的增加，可以开始视情况增加重复次数。

　　我坚持了几年才达到今天每次能练习 5 分钟的水平。最初，我很难学会从腹部呼吸，静坐对我来说也近乎是痛苦的，就算只是短短几分钟。随着时间的推移和持续的练习，我才开始能够在一天中持续有意识地进行腹式深呼吸，而不是常规的胸式浅呼吸。慢慢地，随着我的神经系统的韧性进一步增强，我变得更镇静、平和，这反过来又使我能够进行更深的呼吸。如今，经过坚持不懈的练习，我能够在情绪受到刺激、急需借助外力的时候，有意识地利用腹式深呼吸让身体平静下来。

运动疗愈

　　任何能让我们感觉到身心安全联结的运动——跑步、游泳、远足——都有助于增强我们的抗压能力。那些对身心有挑战性的运动能够降低罹患心血管疾病和痴呆症的风险，甚至有助于延缓老化过程 [59, 60]。在进行身体锻炼的过程中，大脑会释放令人快乐和轻松的神经化学物质，包括多巴胺、血清素和去甲肾上腺素，从而改善睡眠问题和情绪问题。整体来说，长期保持有氧运动（能加快体内氧气和血液循环的运动）的习惯可以使大脑产生可测量的变化，有氧运动有助于强化现有的神经元通路并刺激生成新的神经元通路，同时改变大脑的大小，改善其健康状况。

瑜伽是最佳的能够增强抗压能力的运动，因为它能够直接刺激迷走神经。伯格斯博士也是瑜伽的忠实拥护者，他在学术期刊上发表了大量关于瑜伽对迷走神经的益处的文章。瑜伽需要练习者拥有协调呼吸和肢体运动的能力，借此使得练习者的身心都完全参与其中。随着协调能力的提升，练习者可以逐步增加动作的挑战性，来考验自身生理的极限，进一步刺激身体系统，学习和感受呼吸给人体带来的平静力量。相关研究表明，定期练习瑜伽对身体的许多方面都有好处（原因很有可能是随着练习的推进，迷走神经的应答能力得到了巩固和加强），包括降低身体炎症水平和调节血压。瑜伽的种类也有很多，比如昆达里尼瑜伽、哈达瑜伽、阿斯汤加瑜伽以及高温瑜伽等等，我们可以根据自身实际情况自由选择适合自己的进行练习。

伯格斯博士于 20 世纪 90 年代在印度开始了自己的瑜伽研究，他发现许多瑜伽动作都是为激活身体的应激反应（战斗、逃跑或冻结）而设计的。他在接受采访时说："瑜伽运动的整体逻辑就是通过练习，使你有能力更有意识、没有恐惧地进入通常只能在昏厥和冻结状态下才能进入的静止状态。"他将这种能力描述为面对威胁时仍具有"深入内在并感到安全的能力"[61]。这是自我疗愈的关键：通过挑战身心外部极限来认识其力量。当我们开始学习更高级、更困难的体式时，迷走神经也在学习如何控制我们的应激反应，如何使我们更轻易地回到平静和安全的状态。练习瑜伽的过程也是疗愈的过程，我们不断练习在面对可控的身

自愈力

体和心理不适时回复稳态的方法。一项研究表明，练习瑜伽 6 年或以上的人若将手放在冰水中，坚持的时间是从未练习过瑜伽的对照组的两倍[62]。瑜伽练习者不会像非瑜伽练习者那样分散对疼痛的注意力，而是真正地融入这种感觉，并找到专注和引导疼痛的方法，以此来承受这种痛感，这也是韧性练习的本质。

玩乐疗愈

喜悦是纯粹的幸福的表达。对大多数人来说，快乐只存在于记忆中。我们已经快要忘记为了单纯的快乐，而不是任何次要的利益、要求或外部动机而做某事的自由感。在我们还是孩子时，我们选择去完成一件事只是因为我们想要完成它。许多人还能回忆起童年时让自己有过这种感觉的事，也许是上舞蹈课、在海滩上自由奔跑，或者通过绘画进行自我表达。

作为成年人，当我们允许自己玩乐时，我们仍然可以体验到类似的快乐和自由，这可以是在没有小我的干扰下的舞蹈、用玩具乐器演奏音乐，或者装扮自己以进入另一个世界。当沉浸在这些场景之中，我们有时能够进入所谓的"心流状态"——纯粹享受当下所做之事。当我们与所爱之人专心对话、沉浸于某个瞬间或超乎时间之外时，我们也会体验到相似的状态，由此产生的快乐感受本身就是一种疗愈。

当我们的玩乐涉及社交时，玩乐还将挑战我们的神经觉（神经系统中扫描和识别环境中危险迹象的部分）。当我们和他人一起骑马、踢足球，甚至联机打游戏时，我们就会不断地在战斗、逃跑、冻结和平和安全的社会参与模式中来回切换，这个过程有助于让身体建立韧性，其原理与瑜伽非常相似。伯格斯博士在一篇论游戏和迷走神经的文章中提出过这一观点：在一个有趣和开放的空间里，人为地让身体建立在危险和安全环境下的交替反应，有助于"提高神经回路应答效率，并以此即时调低战斗–逃跑反应的剧烈程度"[63]。学习控制战斗–逃跑反应机制，避免长期保持应激状态，学习回到安全的基线，有助于降低慢性疾病的发生概率。

还有一项常见并广受人们喜爱，且能让迷走神经也参与其中的活动就是唱歌。对许多人来说，唱歌会让他们感到很快乐。也许你不习惯在众人面前唱歌，因为曾经被人说跑调。试着回想一下，在你还是个孩子的时候，通过唱歌，你得到了自我意识、自信和快乐。唱歌给人体带来的好处绝不止步于成年期，大声唱出你最喜欢的歌曲的过程，就像呼吸训练、瑜伽、玩乐一样，能够帮助你调节迷走神经。如果能和他人一起合唱，效果将会更加显著——众多演唱者聚在一起时的协同调节力量是非常令人振奋的。就算是在洗澡时独自吟唱，也能起到疗愈效果。

你可能还记得，迷走神经还连接着面部和喉部的许多肌肉，包括喉头和声带。当我们在一个安全且令人安心的环境中时，我们的声音听起来会有些不同，而且我们能听到频率范围更广的声色，特别是人声。唱歌时，我们可以通过口腔和颈部的肌肉来帮助我们创造平静感。科学记者塞斯·伯格斯（伯格斯博士的儿子）还建议我们聆听更多以中频为主的音乐来打开中耳肌肉（就是那块当我们处于快乐的社会参与模式时被激活的肌肉）[64]。哪些中频音乐是我们最容易找到的呢？答案是迪士尼电影原声带。所以，你可以一边播放《狮子王》的原声专辑，一边尽情地大声演唱。

自愈力

即时控制情绪变化

通过坚持每天实现一个对自己的小承诺，我已经打下了疗愈的新基础。这些方法帮助我的身体和体内所有生理系统恢复到它们极度渴望的平衡状态。我选择能让身体感觉到活力、得到营养补充的食物，我把睡眠放在首要位置，同时通过不同的体育锻炼来激活我的意识。我开始每日进行冥想和呼吸练习，升级了我的瑜伽体式，并开始玩乐：抽时间唱歌、跳舞和远足。

我花了好些年才终于将以上这些元素结合在一起。在没有指导的情况下，我试着用不同的方式来调节自身肠胃和免疫系统，让我的直觉引导我的疗愈旅程。寻回直觉的过程花了我不少时间。我第一次与自己的直觉交流，是在我的猫咪乔治走失的时候。那时，我和洛里结束了周末的短途旅行，到家发现乔治不见了踪影，我们随即在整个房子里到处找，一间间房间地翻。我感觉焦虑情绪正在胸中上涌并且不断升级。我开始大喊："打开烤箱！打开烤箱！"然后我打开烤箱的门，并期待着里面有它烧焦的尸体。当时与我们一起的还有一同旅行归来的侄子，当时他才五六岁，目睹了我的整个反应过程。我的脸涨得通红，耳内听到怦怦的心跳声，我完全失控了。

五分钟后，我才足够冷静地制订了一个寻找乔治的方案，并给邻居和兽医一个个打了电话。最终，我们找到了它。事后我真诚地向洛里道歉："对不起，我完全失控了。"

她回答说："我能理解，我知道你的本意并非如此。"

她的话触动了我内心的一部分，"真我"的那一部分，我知道她是对的。尽管我一直表现得很狂乱，但在某种程度上我能感觉到自己并不是真的在发狂。这就好像我扮演了一个角色,重演了我在原生家庭见过的场景,并做出同样的反应,只有"真我"知道这些反应不是真的。因为交感神经系统被激活,我的心率确实上升了,肾上腺也确实分泌了皮质醇,但我打内心深处同意洛里的说法——我的反应不是真心的。

这让我意识到,我的体内同时发生着一些更深层次、更隐秘的反应,我开始更加关注我的刺激源,以及身体在失控时的反应。过了几年,我的猫咪克拉克失踪了(我的猫咪都挺爱冒险的)。

克拉克是一只非常像狗的猫,它一定是外出探险时不小心才迷路的。和上次一样,我非常担心,不过这次在寻找它的过程中,我的神经系统没有过度反应,反而保持着冷静和专注。虽然花了近三周的时间,但我们最终还是找到了它。这一次,我没有在这个过程中大吵大闹,也没有伤害我爱的人。

如今的我已提升了自我认知能力,我了解身心合一的感受,了解各种激动的情绪给人体带来的整体影响,如紧张或兴奋时内心七上八下的感觉(感受虽然一样,但事实上这是两种不同的情绪)、真正需要吃东西时的饥饿感、吃饱后的满足感等。此前的我由于缺乏与身体的联结,从未这般真实地与这些感官信息相连。

此外,我的驼背也有所改善,身体不再那么紧张。我还感到自己的精力更加旺盛,我每天早上 5 点起床,可以一整天保持高效和头脑清晰——要知道,曾经的我会突然大脑空白到不知道下一句话该讲什么,会突然昏厥,会浑身紧绷和压抑,并且时常会便秘。

　　　　　　　　　　　　　　　　　　　　　　　自愈力

上述这一切的改变并不意味着我不用再经历创伤反应，我也并非总是神采奕奕、头脑清醒，偶尔还是会失控。但现在，当我遇到这样的情况时，我有能力控制自己理性地应对并更多地理解事态，这些情况产生的根本原因是自主神经系统的过度疲劳。

　　我们的身体构造很不可思议。现在我们已经知道，我们并不会因为家人得病就注定要生病，没有什么是不可改变的。从受孕那一刻起，我们的细胞就开始对周围环境做出反应了。我们已经知道环境（从童年的创伤到我们选择的食物）塑造和影响我们的方式，特别是环境对那些对压力和创伤反应特别灵敏的神经系统、免疫系统和微生物群系的作用。我们已经知道自主神经系统塑造了我们观察和栖居于这个世界的方式，以及迷走神经于人体的重大调节作用（它能联结身体的各大系统）。我在这一部分的学习研究上花了大量的时间，因为了解这个过程太重要了，它为我们理解韧性和转变的可能性提供了希望。

　　下一步是将这种具身意识状态和对转变的信念应用于心灵——了解过去的自我，遇见内在的小孩，与自我交朋友，并了解那些将继续塑造我们的世界的创伤性联结。

　　让我们开始吧。

未来自我日记：呼吸练习

以下是我为了进行日常呼吸练习使用的日记模板，我每天都会在日记本上记下类似内容，来持续提醒自己"我想改变"。让自己每天都基于这个意图做出新的正确的选择，并随着时间的推移，培养一个新的习惯。

今天，我练习了<u>腹式深呼吸，这使我的身体平静了下来，给我带来安全感和平静</u>。
我很感激有机会学习<u>这样一种新的调节身体的方法</u>。
今天，我感到<u>平静、踏实</u>。
这方面的改变让我感到<u>能够更好地忍受压力</u>。
今天，我完成了<u>一感到压力就进行腹式深呼吸</u>**的练习。**

第 6 章
相信信念的力量

有一句话是这么说的："为了生存，我们不得不给自己编故事。"这些故事往往基于我们的真实经历，比如：由于从小就被人追求，所以相信自己是美丽性感的。有时候，这些故事自孩提时期诞生起就再也没有变过，因此它无法反映我们当下的现实。比如像我这种小时候很羞怯的人，可能会在长大之后继续默认自己是一个羞怯的人，尽管实际上我已经摆脱了这样的标签。

为自己编故事是一种自我保护行为。孩提时期，我们在心理或情感上都无法理解父母在我们所知道的家庭生活之外，还有完整的工作生活。作为孩童，年龄限制了我们在认知和情感层面的理解能力的广度和深度。基于这样的限制，当父母向我们发火，我们就可能会相信这是因为自己是个坏孩子，而不会去想这还有可能是因为面前这个我们赖以生存的人，在控制情绪的能力上有缺陷。有时候，当现实过于痛苦，以至于我们无法理解或处理时，我们就会编造出另一个故事，好让我们从黑暗中走出来。一个感到被忽视的孩子可能会告诉自己，父母有一份相当重要的工作，以此作为他们在自己的人生中缺席的理由，避免去挖掘自己难以面对的真相。

我也一样，我也由许多这样的故事（也被称作核心信念）堆砌而成："我是神赐的孩子，我没有感情，我很焦虑……"核心信念就是以自身为中心展开的许多故事——我们的人际关系、我们的过去、我们的未来，以及其他根据自身生活经验构建的无数表述。多年来，在我自己毫无察觉的情况下，我一直抱持着一个深刻的核心信念，直到我踏上自我疗愈的旅程，找回意识自我，并且学会观察内心世界之后，这个核心信念才变得明晰起来。我的核心信念就是："我是不重要的。"

这个核心信念引发了我在每一段恋爱关系中都存在的问题，也让我在友情和职场中维持着拘谨和病态的自我形象，这个核心信念甚至还会在别人插队的场景下闪现在我的脑海中。怎么会这样呢？因为在这些时刻，我发自内心地相信，一个完全陌生的人不需要在乎我的感受，就像我的母亲一样。我是一个幽灵，他们都可以对我视而不见。

我对自己的核心信念的认知形成于一次冥想练习中，当时我的脑海中突然出现了一段4岁时我和母亲在厨房中的记忆。

那时，父亲每晚总在同一时间下班回家。在他到家前一个小时，母亲就会开始准备晚餐，摆好桌盘，确保他到家时食物都是热的。母亲会站在窗前一边做准备工作，一边望向父亲下公交车后回家必经的那条路，这样她就可以提前5分钟知道父亲就要到家了，每晚都是如此。这种日常生活的可预测性和规律性给了母亲很大的安全感，使她得以免受自己孩提时期因情感匮乏和不可预测性受到的创伤。（外公外婆没能给母亲足够的情感关怀，外公的过世也很突然。）我相信父亲那雷打不动的日程安排和对"一家人就要整整齐齐"的信念的坚持（或者说，大家都没有什么独处的空间），在很大程度上安抚了母亲。

但那天晚上，父亲没有如期出现。10分钟过去了，仍不见他的身影。15分钟，20分钟，30分钟，他迟到了。我缩在厨房的餐桌下（那里是我小时候最喜欢待的地方），母亲的紧张情绪在肉眼可见地膨胀。我已经在那张桌子下待了好几个小时，推着我心爱的小滑板车，坐在地板上打转。我将餐桌视作自己的避难所，好让自己远离家中常常发生的混乱场面（撇开和谐家庭的假象实话实说），并通过不停活动缓解内心近乎持续的恐慌。

随着时间一分一秒地过去，母亲开始无力掩饰自己的情绪，她紧盯着窗外，双手交握着，无须言语，我就能感觉到她的焦虑。于是我转得越来越快，但她完全忽略了与此同时桌子下的我的世界也正在崩塌。那一刻她并没有和我进行情感上的交流，也完全没有理会我的需求或恐惧，她根本无法做到，因为她自己就正在被焦虑和创伤反应消耗和吞噬着。那一刻，她的目光只能聚焦到父亲未归的头等威胁上，使得我成了那个无足轻重的人，一个不被承认的存在。由于当时的我尚不能成熟理智地理解这种更高级的人类体验，我随即陷入了那个痛苦的现实之中。正是很多个类似这样的小事的不断叠加，让我建立了我的那个核心信念："我是不重要的。"

之后，父亲突然出现在了那条路上。也几乎是在一瞬间，家中的能量场就发生了转变，母亲又重新准备起了晚餐。

在这些时刻，我还认识到另外一个很重要的点——从内在焦躁状态中得到解脱需要外部力量。就像我的母亲一样，我似乎也总是在等待像父亲一样的人物的到来以让我感到安全。每当伴侣没有回复我的信息，我就会被强烈的不安感侵袭；每当我无法与他人建立情感联结，我就会感到被高压电击般的恐惧。每次我感到绝望、不理智或不被爱的时候，我就会感觉像回家了一样，母亲站在窗前的场景就开始重演——这个人对我并不在意，然而对于我来说，这个人就是我的命。

信念的起源

我以我的故事为例是为了向你说明，一些看似平凡的事情（不过是我父亲下班回家晚了，没什么大不了的）也可以蕴含着塑造你的核心信念的信息。

让我们先后退一步——信念到底是什么？

信念是一种基于生活经验形成的惯性思想，信念源于多年的思考习惯，同时需要来自内部和外部的反复认证以得到巩固。与自身相关的信念（我们的个性、弱点、过去和未来）是我们看世界的滤镜。我们越是重复某些想法，大脑就越倾向于将其设为默认思维模式，当这些想法深刻到能够激活我们的应激反应和迷走神经时，这种倾向性就会更加显著。这个过程会带来个体内心的动荡，久而久之这些想法变得具有强迫性，成为条件性创伤反应，即情绪成瘾。重复某个特定想法的习惯性行为会改变我们的大脑、神经系统以及全身的细胞化学反应，使我们更容易在未来默认这种思维方式。换句话说，谎言重复一百遍就成了真理。需要注意的一点是，对于大多数经受条件性生理失调的人来说，在真正改变根深蒂固的信念之前，应该先尝试利用类似前文中提到的疗愈练习，帮助自己重新找回神经系统的平衡。

一个被反复验证的信念就会升级为所谓的核心信念。核心信念是我们对自己最深层次的认知，一般会在7岁之前在人们的潜意识中扎根。核心信念是设定了我们人格框架的相关故事："我聪明、我有个性、我外向、我内向、我数学不好、我是夜猫子、我是独行侠"等等。表面看来，既然核心信念的表述都关于自我，那么它肯定来源于我们自己，毕竟我们一直在毫无疑虑地践行这些信念。但事实上，核心信念大多源于父母式人物、家庭和社区环境，以及早年的经历对我们的影响。而且，许多核心信念的起源都是创伤。

一旦核心信念形成，个体就会产生确认偏误，会舍弃或忽略与信念不符的信息，转而选择相符的信息。假如你习惯看低自己，你就会把工作晋升看成一个偶然事件，你会认为大家迟早都会发现你德不配位的事实。当你在工作中犯了错，无论是事出偶然还是由于自我破坏，你都会用必然的眼光看待它："这并不奇怪，我失误了，我就是这么没用。"负面的核心信念会使我们偏向消极偏见，在这种情况下，我们倾向于优先处理（重视）消极信息。这就是为什么你可以轻易忘掉自己优秀的绩效，却久久无法忘怀同事的批评给你带来的刺痛。

从进化角度来讲，这种偏见却是基础必备品。在进化的初期，只有专注于对我们有害以及让我们产生不适的事物，人类才更有可能存活下去。以自主神经系统的战斗或逃跑反应机制为例，从生物学角度来说它是人类"操作系统"的出厂设置，它在很大程度上并不受人类自主意识控制。由于周遭的世界同时发生着太多的事情，如果我们没有过滤信息和排列优先级的能力，我们就会反复被大量的外来讯息淹没。现在，试着想想周遭世界发生的一切，如果你的大脑需要同时接收所有刺激，那么它就无法正常运作。

这种潜意识的过滤工作由网状激活系统承担，它是位于脑干上的一束神经，能帮助我们分析周遭环境，使我们得以集中精力处理我们认为最重要的那些事情。网状激活系统是大脑的"守门员"，基于早年生活中形成的基本信念对环境信息进行筛选，并优先传送能够支撑这些基本信念的信息。网状激活系统以这种方式收集的信息又会进一步强化我们已经深信的基本信念。

以下是一个常见的网状激活系统的工作实例：你打算买一辆新车，你先跑到经销商那里找到了一款非常适合自己的车型，此前你从未在路上看到过同款车，然后你花了一些时间在网上收集关于那辆车的信息，突然间，你发现路上跑的几乎都是这款车。网状激活系统的工作结果可以让你感觉整个宇宙都在给你传递同样的信息，或者也可以这么说——那是你自己的宇宙，由你那不可思议的大脑设计的宇宙。

在其他例子中，网状激活系统起到的作用就不止确认偏误那么简单了。还有一个关于抑郁症的理论（当然，这个理论过于简单）认为，抑郁症患者就是在通过消极的滤镜观察这个世界。回想一个糟糕的一天，坏事一件接一件地发生，似乎没有任何事情能如你所愿，这让你觉得自己很倒霉，但实际上这只是网状激活系统正常工作的结果（它能够自动把你一天之中的好事甚至是不好不坏的事通通屏蔽掉）。这也是为什么有时你会产生自己无法从恐惧的迷雾中解脱出来的感觉——正是你的网状激活系统为你排除了这个选项。

大脑有时会将网状激活系统的过滤作用当作一种防御机制。我见过很多人，他们声称自己的童年是美好的、完美的，拒绝承认任何事物的消极性或难处。尽管常常有证据指向相反的事实，但这并不妨碍我们出于自我保护的目的，将理想化的童年塑造成我们的核心信念。现实生活中，没有人的童年是完美的、没有任何缺憾。诚实地观察我们过去和现在的全部经历，是开启自我疗愈之旅的基础。

　　正如我们在第 2 章中了解到的，我们的想法并不代表我们本身，同样，核心信念也并不代表我们本身。通常来说，这个观点会更加令人难以接受，因为我们的核心信念根植于潜意识之中，已然是我们身体难以割舍的一部分。所以接下来，你应该开始学着理解你童年的心境，并且尝试追溯核心信念形成的过程。随着时间的推移，这将帮助你对自己的核心信念有更深的理解，最终有能力主动选择你想保留或丢弃的核心信念。

一切为了生存

　　当你在飞机上正好坐在一个哭闹的婴儿旁边，或当你哄一个乱发脾气的小孩时，你可能不会记得，幼儿期是一个拥有纯粹自我的阶段——孩子的惊奇、玩乐和真心话都是他们的真我的表达（我认为是灵魂的表达）。处于这个年龄阶段的孩子还没有积累足够多让自己与真我脱节的生活经验，其核心信念也尚未形成。

　　你可以把幼儿的大脑想象成智能手机的操作系统，从如何走路到该相信什么，再到为了吃东西要哭多久，一切"程序"都根据他们的需求来"下载"。幼儿总是将眼睛睁得大大的，惊奇地观察着这个世界，近乎像沉浸在恍惚的催眠状态一般，他们不断地接收外界讯息并进行学习。

幼儿期是个人潜力可以被无限开发的时期。为了生存，这个时期的幼儿会学习语言、动作、社交和事件因果。神经元——大脑的组成单元——通过同步的电脉冲（即脑波）彼此交流，这些脑波促成了个体所有的外在表现：行为、情绪、思想，以及身体机能。脑波像一首美丽的交响乐，有着独特的曲调，就在新生儿的脑中奏响。

我们已经知道，幼儿期是自我核心信念以及自我价值认知形成的时期，这个过程从离开母体的那一刻就开始了。当幼儿睁眼面对这个世界，试图理解这个陌生的环境以及自己在其中的位置时，大脑中的神经通路就会被高度刺激、联通和完善。幼儿可能会感到害怕，因为他们正处于完全的依赖状态，未知的世界总是吓人的。事实上，幼儿也正是这样感觉的。尽管幼儿的大脑还没有成熟到可以完全理解这种依赖关系的意义，幼儿仍然可以从自身的脆弱性中感受到与生俱来的恐惧。这种感受同时也受到周遭环境影响，无论是直接影响层面上的（基本必需品，如食物、住所和爱等），还是宏观影响层面上的（如生活在一个发展中国家，或处于一个会遭到系统性压迫的社会体制中，或成长在流行病暴发期间）。幼儿时期是一个需求强烈的时期，所有这些因素都会塑造我们对拥有（或缺乏）安全感和舒适感的认知，并给身心留下持久的印记。

最重要的印记总是来自最亲近的人，也就是父母式人物。新兴的神经科学证实，父母对幼儿大脑发育有着巨大影响。其中一项研究发现，当成人和幼儿对视时，他们的脑波可以实现同步，

达成联网状态 [65]，使得双方无须言语便可实现联结。

父母式人物的存在，是幼儿在身体和情感上感到满足的前提。生而为人，最常有的念想就是被爱。当幼儿感受到爱，他就会感到安全、满足和关怀，也就是进入了之前提到的社会参与状态，这对大脑发育最为有利。在这个状态下，我们感觉平和而安全，因而可以放心大胆地玩耍、冒险和学习，这对于幼儿达成神经系统和行为发展中里程碑式的迈进至关重要。社会参与模式下的学习脑状态使得幼儿有足够的安全感去冒险，在跌倒时更有可能重新站起来。

幼儿从父母式人物身上找寻与世界联结的线索，了解如何与他人沟通，如何正确地看待世界，以及如何应对压力：这就是所谓的协同调节。（4 岁的我和母亲在厨房中的故事同样可以体现这一点。）协同调节不仅是心智层面的学习，也是身体层面的学习，是父母教授我们如何调节情绪反应，回到社会参与模式基线的过程。当我们未能从父母式人物那里习得这种调节方式，或者因为环境没有给我们足够的安全感而未能尝试学习，我们就会不自觉地进入战斗、逃跑或冻结的反应中。在这种状态之下，神经觉活跃地扫视着周遭环境，目光所及之处皆是威胁。

当我们处在战斗、逃跑或冻结的反应中时，我们会将体内所有资源都用于压力管理，结果，简单来说，就是学习脑的活动会因此受限。孩提时期是一个非常脆弱的时期，在我们无法独立生存的情况下，一旦父母式人物抑制了任何被我们视为有碍生存的情绪或行为，我们就会感知到不断上涌的压力信号。被激活的生存脑就会开始过度关注神经系统感知到的威胁，以非黑即白的二元观念来看待世界，而且这种思维往往还是强迫性的，以恐慌为原始动力，容易基于偏见陷入循环论证。面对压力时，我们极有可能情绪崩溃或选择停止联结。

在受孕到两岁之间，婴儿大脑的运作呈现低频且振幅变化最大的 δ 波，成年人只有在深度睡眠中才会出现这种波型。这代表的是大脑的学习和编码模式，这个时期的个体没有进行批判性思维的能力，完全处于吸收外界讯息的状态。

幼儿的大脑在 2~4 岁将进一步发展，转呈 θ 波，与成人进入催眠状态时的脑波相同。在 θ 波状态下，幼儿的注意力向内集中。这个年龄段的想象力最佳，并且常出现难以区分梦境与现实的情况。虽然幼儿在这个时期会开始开发批判性思维能力，但很大程度上他们依然沉浸在以自我为中心的状态之中，只能用自己的视角看问题。

但需要说明的是，这并不是成年人常提到的那个自我中心的概念。幼儿时期的自我中心指的是一个发展阶段，身处其中的幼儿无法理解自我和他人的差别。在这个阶段的自我中心状态中，幼儿相信他们所经历的一切都是因为并仅因为他们而发生。处于这个阶段的幼儿无法从他人的角度看待世界，即使这个"他人"是其父母式人物、兄弟姐妹或其他近亲。由于这个阶段的幼儿无法认知上述事实，当他们的身体、情感或精神需求始终得不到满足时，他们会倾向于从自身找问题，去承担不应由他们承担的责任，并进而将错误的信念（"没有人帮助我，因为我是个坏孩子"）内化，而后将其泛化（"世界是个糟糕的地方"）。当我们追溯并试图理解与父母的情感交流中那些痛苦经历时，我们也常常会带着这样的自我中心思维。比如一个孩子在被父亲怒斥之后，会认为父亲愤怒的原因是他做得不够好，而不是父亲当天的工作

　　　　　　　　　　　　　　　　　　　　　　　　自愈力

不顺利。

直到认知和情感发展的下一个阶段，即 5 岁左右，我们的分析性思维能力才开始逐渐占上风。虽然这个阶段的幼儿可能仍然难以辨别真实和想象，但这时的孩子已经开始使用理性思维，并能理解事件的前因后果。（"当我已经无法再接收更多信息时，我必须先暂停一下。"）这个阶段之后，大约从 7 岁开始，孩童的脑波就会呈现高频且振幅变化最慢的 β 波。此时幼儿更具批判性和逻辑思维能力，也就是具备了成人思维，会开始更积极主动地探索问题。至此，我们就形成了核心信念和潜意识默认程序，而这将持续操控我们未来的日常生活。

被看见的需求

随着大脑的发育，个体需求从基本的住所、食物和爱的需求，扩展到更全面、更复杂、更细微的身体、情感和精神层面的需求。在精神层面上，每个人都有三个基本需求：

　　1. 能够被看见；
　　2. 能够被听见；
　　3. 能够独特地表达我们最真实的自我。

几乎没有人有能力每时每刻都满足他人上述所有基本需求，更别提在生活中经受着巨大压力的父母了。即使是能最大限度满足孩子需求的家庭也会有局限性。当孩童的情感需求没有得到充分或持续的满足时，他们往往会在潜意识中形成一种核心信念，认为自己不值得得到基本需求的满足。当他们开始在情感上否定自己时，他们就会产生过度补偿行为：以父母表现出来的喜好为基础，决定自己应该进一步发展和进一步压抑的天性。

当父母因为无法调节自己的情绪而处于不安和不适的状态之中，又看到孩子的痛苦时，可能就会说出"你太敏感了"这样的话。在这样的情况下，孩子为了能够持续地接收到爱，会选择学习压抑或隐藏那个被父母说作敏感的感受。按照这种模式持续下去，孩子就会变得"坚强"，并与真实的自我在情感上脱节，他们会忽略真我，转而努力地去扮演那个根植于核心信念中的虚假形象。我经常在很多男性客户和男性朋友身上观察到这样的情况，对于那些成长于大男子主义家庭中的人来说，他们会因为正常表达自身情感而受到他人羞辱，进而感到灰心，不敢承认自己的真实感受。

通常情况下，就是这些看似微小却持续的信息会被内化为核心信念。比如，如果你多次帮母亲照顾兄弟姐妹，且每次都得到了"你可真是帮大忙了，你有一天也会成为一个很棒的母亲"这样的夸赞，你的核心信念很有可能就是，"为了得到爱，我需要照顾好他人"。久而久之，你可能会开始觉得对自己好一点儿的想法，甚至是承认自己的需求都是自私的行为。再比如，如果你频繁地听到"我多希望你能更像你哥哥"这种表达，你可能就会产生你不如自己的兄弟姐妹的核心信念，而这可能进一步内化为自我价值感低下。它可能会使你常常将自己与他人进行比较，无法相信自己已经足够好。或者你可能像我一样，因为那些不需要很努力就能轻易获得奖项和称赞的经历，内化出"我就是喜欢做我天生擅长的事情，我讨厌任何具有挑战性或不能立马上手的事情"的核心信念。曾经，我的核心信念中很重要的一部分就是：
"我只打我确信能赢的仗。"

另外，很重要的一点是，尽管父母式人物铸就了我们核心
信念系统中很大的一部分，但事实上除此之外，大环境对核心信
念的影响也不容小觑。比如教育系统，由于缺乏因材施教的灵活
性，学校往往采用统一的教学模式，迫使孩子进行自我适应，以
获得认可和成就。同龄人压力则加剧了这种现象，一些人会因为
特定的行为、风格或外表而被贴上"书呆子"、"贱人"或"猛
男"的标签，而这些标签往往会被我们无意识地内化。在一个相
信"女性在自然科学方面的成就一定比男性差"的文化中成长的
年轻女孩，如果正好不擅长数学，就极有可能将这个错误的观点
内化。一旦我们开始内化自己"不够漂亮、不够瘦、不够聪明"
这样的信念，我们的网状激活系统就会继续在社会中寻找能够证
实这一点的信息来巩固这个信念。

即使是在成年后，我们也倾向于通过核心信念的滤镜来看待
这个世界。而这些在我们只接收、不判断的幼儿时期形成的核心
信念，通常是负面的，如果我们继续加强这些核心信念，而不是
为自己重建一个更准确、更完整、更能反映现状的判断标准，就
会导致我们与真我的距离越来越远。这也是几乎每个成年人都迫
切地希望自己被看到、被听到、得到外部认可的原因之一。我们
对于外部认可的需求，一方面可以外在地表现为拖累症、长期取
悦他人并为此承受本不应由自己承受的负面结果，另一方面也可
以内在地表现为焦虑、愤怒和敌意。我们越是与真我脱节，就越
会感到沮丧、失落、迷惘、困滞和无望，这样的情绪越强烈，我
们也就越有可能将其投射到周围的人身上。

信念的力量是非常强大的，并且可以持续地通过潜意识塑造我们的日常体验。这些信念，尤其是核心信念，既然不是一夜之间形成的，自然也不能在一夜之间得到改变，但只要我们有恒心和毅力，核心信念仍然可能转变。要想达成真正的改变，你必须先了解真正的自我，为了完成这一步，我们就必须先找到我们的内在小孩。

自我疗愈之旅：核心信念清单

花一些时间观察、思考，并记录自己的核心信念。如果你觉得"信念"这个词有点儿重，或者你无法确定自己的核心信念到底是什么，也没关系。请记住，信念就是反复在你的脑中闪现的那个想法。关于自己、他人、周围的世界、未来，以及许多其他主题，你都会有相应的核心信念。请留心一天中在你脑海中不停闪现的主题以及对应的表述，并记录下来。你可以尝试使用下列模板进行记录。

在留心观察了一天脑袋中闪现的想法后，我注意到：

关于我自己：_____

关于他人的或与我有关的人际关系：_____

关于我的过去：_____

关于我的现在：_____

关于我的未来：_____

未来自我日记：创造一个新的信念

你已经明白，信念本质上不过是不断被重复的想法，那么当我和你说要创造一个新的信念，你需要开始在脑海中重复一个新的想法时，你应该不会感到惊讶。请从你列出的信念清单着手，选择其中一个开始改变。如果不知道该选哪一个，请跟随你的第一直觉走。如果你还是不能确定，请选择那个你觉得最需要改变的信念。

待你选出了想改变的信念，请思考相比之下，你更愿意相信什么。这可以是简单的与当前信念相反的观念。例如，如果你发现你的核心信念中有一条是"我不够好"，那么现在你需要相信"我足够好"。

旧信念：_____

新信念：_____

现在，让这个新信念成为你的日常信条或行为准则，你需要重复这个新的想法，一定要多次重复。有些人会选择将这个新信念写下来，在特定地方写、随意地写或者到处写，这样，每当你看到它，你就会自然地重复一遍。另一些人则会选择在一天中的某个特定时间段来重复这个新信念，例如晨起后或睡觉前。

如果你发现自己很难接受这个新信念的真实性，也不要太担心。因为事实上，你就是做不到，至少在很长一段时间内都做不到。最重要的是，无论如何你都要反复练习，久而久之，你终将重新塑造大脑，并从某一天开始能够感受到这个新信念的真实性（哪怕只是一丁点儿）。尽量不要纠结于那一天何时到来，重复地练习，总有一天你会看到那一丝曙光，因为我就是这样过来的。

第 7 章

找到你的内在小孩

任何人见到安东尼，都会注意到他浓重的纽约口音，他的口音能让我直接回忆起在布鲁克林乘坐地铁的时光。

安东尼来自一个意大利天主教大家庭，是家族中的"害群之马"，尽管他曾经竭力尝试跟上其他家庭成员的步伐。他从小就被灌输了在天主教家庭中普遍存在的是非观：性行为是不道德的，它会让你直接下地狱。

安东尼从小就觉得自己和兄弟们不同，他的身上仿佛天生带着"罪"。这种"罪"在他还没上学时就伴随着他——他的邻居（另外一个小孩），在安东尼家中猥亵了他。安东尼将这个事件视为来自上帝的讯息，因为对他实施侵犯的是一个男孩。他认为上帝想通过这件事告诉他，他是一个邪恶的人。此外，他的父亲会在喝酒后对他进行辱骂和殴打，这让安东尼更加确信了自己生来"有罪"。而事实上，这些负面事件的发生，纯粹只是因为安东尼格外温和、感性，这样的秉性使他与其他兄弟格格不入。为了逃避在家庭生活中日益增加的不适感，少年安东尼开始花更多时间与年长的邻居家的男孩们混在一起，最终招致了更多侵犯。至于安东尼，由于他已经确信这样的事件是他邪恶的本性决定的必然经历，他反而开始与那些侵犯他的人接触。

在内心深处，安东尼知道这种行为是错误的，他也感到痛苦。当他终于鼓起勇气将事情告诉一位亲近的家人时，他却被家人赶走。与此同时，他父亲的酗酒行为和对他的体罚也在不断升级，最终安东尼被送去与亲戚一起生活。离开父亲之后，安东尼陷入了黑暗的抑郁时期，他开始偷偷地喝酒。

不久后，他就开始疯狂收集色情录像带和色情杂志。他将自己封闭起来，不再与外界交往，自顾自地活在自己的性幻想之中。他仍然和亲戚一家一起参加每周一次的教堂礼拜，在那里接受不断重复的洗礼："性和性行为是罪恶的，它违背上帝的意志。"这使他对自己频繁的、无法被满足的性幻想、性冲动和性行为感到更加羞愧。由于没有足够的安全感，安东尼从未与任何人分享他日益增长的性冲动和特殊的性癖好，同时他依然认为，自己的秘密进一步说明了自己的"罪"。在当时的环境下，他以为疗愈只能通过祈祷、忏悔和自我惩罚来实现，他已认定自己无药可救。之后，他决定考大学，远离教会和家人的评判目光，并将上大学视为唯一可能的解脱。他将大学看作逃离曾经的生存环境和经历的机会，完全没有意识到这只能简单地把被虐待和被羞辱的内在小孩迁移到别处，无法解决根本问题。

单从表面看，安东尼的生活似乎是完美的：他英俊健美，事业有成，在华尔街做证券经纪人。这让他有能力过上奢华的生活，用最精美的物件包装自己。在光鲜的表面之下，他过着一种阴暗的生活，私下基本不与密友往来。为了缓解工作的压力，私底下他开始酗酒。在那段秘密地沉溺于酒精的孤独日子里，除了收藏色情作品之外，他还在现实生活中找寻能满足他性需求的真实性体验。每次发泄完之后，他就会立刻感到不可抑制的自我厌恶感，他会感到刚刚的经历给他带来了极大的羞愧感，他会盯着天花板，乞求宽恕和安宁。安东尼的核心信念之一就是："我是一个性欲极强的罪人。"在生活中，他也在持续不断地强化这个信念。

这样的反差生活持续了多年之后，他终于崩溃了，他切断了仅剩的那一小部分与朋友和家人的联系，一连好几个月待在家里，拉上百叶窗，把自己与这个他从来就没有能力正确面对的世界隔离开来。他进一步走向那浓重的抑郁深雾之中，不再相信他还有重回"正常"状态的能力。最终，他还是选择走出来，寻求解决内在矛盾的方法。

此前，安东尼从未向任何人提起他的性强迫症和性瘾状况。在一位心理治疗师的引导下，他第一次说出自己有性强迫症的秘密，并表达了对性瘾的担忧。倾诉让他感到了释放，多年来内心矗立的那道大坝终于坍塌。现在的他明白了，施暴者本身也是受害者，只是用了另外一种方式将受到的虐待施加在其他人和物之上。他已然袒露了自己深藏的秘密，可他的痛苦仍未有一丝减轻。

这时，他决定去找寻他的内在小孩。

依恋理论

在介绍内在小孩的概念之前，需要先来介绍一下幼儿时期关系联结的重要性。简单来说，幼儿时期我们与父母式人物之间的相处模式，就是成年后所有相处模式的基础，这种相处模式被称作依恋关系。1952年，精神分析学家约翰·鲍尔比在伦敦的一家诊所研究了大量幼儿及其与母亲的关系后，提出了依恋理论[66,67]。由于想要得到父母的注意，幼儿会释放一系列社交信号，比如哭泣或大笑。鲍尔比认为，这些强烈的反应均出于生存本能，他将母子之间的依恋关系定义为"持续的心理联结"。他认为这种联结从进化的角度来说，对双方均是有益的，尤其是对幼儿来说，因为他们的生存需要完全依赖他人。鲍尔比的总结是：依恋关系对婴儿的社交、情感和认知发展都至关重要。发展心理学家玛丽·爱因斯沃斯于鲍尔比的研究成果的基础之上，开创了陌生情境分类法。这种方法会设立一个陌生情境，让母亲暂时离开（有时是和突然出现的陌生人一起离开）孩子所在的房间，然后再返回房间，通过观察孩子的反应，评估不同的依恋关系类型。理想情况下，当父母在场时，他们就是孩子的安全港湾，一旦安定下来，孩子就会觉得自己可以自由地走动、玩乐和探索。但事实并非总是如此。爱因斯沃斯和她的同事观察并概括出了孩子在出生后的18个月内会出现的四种不同的依恋关系。

1. 安全型

属于这种依恋关系类型的幼儿在母亲离开房间后，可能会有短暂的不安，但很快能够恢复。当母亲回来时，幼儿对重逢持开放和接受的态度。这种依恋关系可以相应地说明母亲在幼儿的成长过程中为其提供了一个积极、稳定的环境，孩子在陌生环境下仍然能够有足够的安全感，能在其中自由地探索和互动。安全型依恋关系让孩子能够自由地开启神经系统的社会参与模式。

2. 焦虑–抗拒型

属于这种依恋关系类型的幼儿会因为母亲不在身边而感到紧张和痛苦，并在母亲离开时持续感到不安。当母亲回来时，幼儿也不容易得到安慰，表现得很黏人，甚至可能因为母亲的离开而惩罚她。这是典型的父母无法满足幼儿的需求的结果，幼儿在回到父母身边之后仍无法被安抚或感到安全正说明了这一点。

3. 回避型

拥有这种依恋关系的幼儿在母亲离开和返回时都几乎不会有任何反应，他们不会向母亲寻求安慰，有的甚至会主动回避母亲。这就是典型的父母未能在家庭关系中扮演好自己角色的结果。拥有这种依恋关系可以说明，父母在幼儿的成长过程中让幼儿自己去应对情感。幼儿没有向父母寻求情感上的帮助，因为他们的父母从未真正地提供过这方面的支持。

4. 混乱型

属于这种依恋关系类型的幼儿表现出的是无规律的反应模式。有时他们非常烦恼和紧张，有时则毫无反应，是四种依恋关系中最罕见的一种。这种依恋关系通常与 ACE 测试中的童年创伤有关，如严重的虐待和忽视。对这种幼儿来说，他们的世界充满不可预知性，以至于他们的身体不知道如何反应，也不知道如何寻找安全感。

幼儿与父母之间的联结越安全、越有保障，幼儿在这个世界上的感觉就越安全、越有保障。研究一再表明，在幼儿时期有安全型依恋关系的人，在成年后往往也能够拥有安全型依恋关系，幼儿与父母之间的依恋关系具有显著的终身效应。大脑扫描也显示，有着安全型依恋关系的幼儿的大脑灰质（包含细胞和神经纤维），比没有健康的依恋关系的幼儿更多[68]，这说明前者具备更完善的大脑功能。此外，学者们已经相继证实，无法于幼儿时期建立安全型依恋关系与社会焦虑、行为障碍和其他心理疾病之间存在关联性。

近年来，一些研究人员和临床医生已经将依恋理论的应用范围扩展到了更多的家庭成员，而不仅限于日常与孩子亲密接触的父母。莫瑞·鲍恩博士创建的系统家庭治疗理论就将依恋理论扩展到整个家庭单位，包括兄弟姐妹和近亲。在我看来，这是一个重要的补充，因为它把我们的生存网络从个人和直接接触的外在环境延伸到更大的社群和社会环境。

尽管我不是一个热衷于分类的人，但我认为了解哪一类（或几类）依恋关系最能引起自己的共鸣对自我疗愈是有帮助的。世界各地的婚姻和恋爱关系咨询师都常提到一个观点：我们的依恋关系会在生活中一直延续，特别是在恋爱关系中。认识自己的依恋关系类型也是接下来的自我疗愈练习的基础，它直接关系到持续影响我们生活的内在小孩的创伤。

什么是内在小孩

当我还是个孩子时，我从未显露过不安，我看起来总是一副不会被任何事困扰的样子，我的神态常常略显缥缈，就像是精神已经离开了身体所处的空间。事实上，我的内在情绪大到几乎可以从毛孔中喷涌而出，由于我不知道应该如何处理这些猛烈的情绪，我才学会了与它们保持距离，并以此作为我的生存机制。

我越是重复这样的解离状态，我就越是擅长否定自己的内心世界。我与自我在身体、感官和感受上都保持着距离，我坐进我的"太空飞船"，让自己免受持续且难以掌控的体验影响。别人形容我不羁且冷漠，我进一步将这些评价内化，发自内心地相信我就是一个没有感情的人，"不受感情影响"就是我的核心信念的一部分。我的内心深处隐藏着一团感情的火，但我无法靠近，甚至无力确认。于是，我感到疏离、不合群，无法在任何事情中找到快乐和喜悦。我在十几岁时吸了人生第一口烟，喝了人生第一口威士忌，之后的我便一发不可收地通过各种物质来帮助自己脱离现实。

无论我认为自己在情感上多么开放和包容，我都感觉不到与他人的联结。虽然我会与伴侣发生激烈的口角（我很害怕她们会离开我，就像我那站在厨房窗前害怕父亲永远不会回家的母亲一样），但大多数时候，我都是疏离、回避和不易亲近的。我早已学会不要过于喜爱任何东西，因为如果我这么做，它就可能会被夺走。这不仅仅是一种失落感和被抛弃的感觉，更是一种恐惧——我害怕要是生活中没有某个人，我将无法继续生存。所以我为自己建造了一个坚硬的外壳，不让任何人进入。我变成了一个不能看清自己需求的人，同时也没有任何需求。

当我开始观察自我，开始去留心脑海中的想法时，我才注意到这种解离状态。一直以来，我一遍又一遍地在脑海中重复着幼年躲在厨房桌子底下时那个熟悉的念头：我是不重要的。这个信念从未消失，在我处理几乎生活中的所有事情的同时，我都能听到它，能从自己的情绪反应中看到它，能从让我充满愤怒地选择进入解离状态的事情中看到它。这个信念不断地重复着，只是一直以来我都没有准备好接收这个信息。

后来，我看到了心理治疗师约翰·布雷萧的研究[69]，他的整个职业生涯都围绕着有物质滥用问题的人的内在小孩展开。布雷萧从分析自己的童年出发——他本人就是由酒精成瘾的父亲抚养长大的，与许多被有同样问题的父母抚养成人的孩子一样，布雷萧也曾走上过酗酒的道路。他越是深入研究自己搜集到的家族史，他就越发意识到，每个人都在与一个受伤很深的内在小孩做斗争。在他的《回家吧，受伤的内在小孩》一书中，他提出了一个极具说服力的观点：许多人之所以最终深陷于糟糕的情感关系中，是因为我们从未解决孩提时期的创伤。他写道："我认为，这个一直以来被忽视的、因过去的经历而受到伤害的内在小孩就是人类痛苦的主要来源。"[70]

在我参与的广泛的课程和实践中，我观察到了与布雷萧的结论相似的行为模式，并逐渐理解，在我们每个人的内心深处，始终都保有孩提时期的一部分自我。这部分自我是自由的，充满了好奇和敬畏，并与真我的内在智慧相连。只有当我们安全地处于神经系统的社会参与模式，感觉放松和开放的时候，我们才能够找到它。这部分自我是俏皮的、无拘无束的，或者说它完全存在于当下，时间这一概念对于它来说似乎并不存在。我们每个人的内心都有着同样的童真部分，如果这部分自我没有被我们承认，它就会在我们的成年生活中肆意妄为，经常让我们做出冲动和自私的反应。

这些反应源自内在小孩必须承受的核心创伤，是对童年创伤的回应。内在小孩的核心创伤是孩提时期长期未能被满足的情感、身体和精神需求的潜意识表达，它能够持续影响自我。想要满足另一个人的所有需求已经几乎是不可能的了，当两个人都没

自愈力

能处理好自己未解决的创伤时就更是如此。于是，在大多数人的一生中，他们都感到自己无法被看见、无法被听见、无法被爱，并因此感到痛苦。即使是那些被我们称为自恋的人，也并非真的生活在一种极度自爱的状态中——事实上，他们只是试图回应严重受伤的内在小孩的大孩子而已。

虽然任何触及我们旧日伤口的人都会激活我们的情绪反应，但恋人往往是最能刺激到我们的伤口的人。我们可能会与伴侣或朋友大声争吵、摔门或乱发脾气，我们可能会中途退出"游戏"，不愿与别人合作共享。内在小孩是心灵中"石化"的那部分，他在我们的情绪应对能力受限的时刻形成。这也就是为什么当我们感到威胁或不高兴时，许多人会表现得像个孩子，事实上，许多人一直都停留在这种状态之中。情绪处理是我们的弱项，因为很多成人身体里依然住着一个孩子。

内在小孩有一些典型的人格原型，许多人会与其中的好几种典型人格产生共鸣，这可以帮我们了解内在小孩的情绪变化。以下是我最常见到的七种典型的内在小孩，其共同特点是，它们都源于内在小孩未能被满足的被看到、被听到和被爱的需求。

七种内在小孩原型

• 守护者

该类型内在小孩源于相互依赖的关系模式，他们通过忽视自身需求以获得认同感和自我价值感，认为只有迎合他人并忽略自

己的需求才能得到爱。

• 高成就者

该类型内在小孩通过获得成就，来让自己感到被看到、被听到和被重视。他们利用外部认可来抵消自己的低自我价值感，认为只有获得高成就才能得到爱。

• 低成就者

该类型内在小孩由于对可能的批评感到害怕或对可能的失败感到羞耻，因而会极力降低自己的存在感，从不主动发挥自己的潜力，从根本上拒绝经历可能让自己产生情绪波动的事件，认为只有保持"隐形"才能得到爱。

• 拯救者 / 保护者

该类型内在小孩怀有强烈的试图拯救身边的人的冲动，试图以此疗愈自己的脆弱（在孩提时期尤甚）。在该类型内在小孩的眼中，他人总是无助、无能且具有依赖性的，保持强大可以让他们感受到爱和自我价值感。他们认为只有通过帮助他人、关注他人的愿望和需求、帮助他人解决问题才能得到爱。

• 快乐者

该类型内在小孩总是保持快乐开朗的"喜剧人"形象，从不表现出痛苦、软弱和脆弱，甚至会因为自己的情绪状态的波动而感到羞耻。他们认为只有确保身边的人都快乐，自己才能感觉良好，才能得到爱。

• 奉献者

该类型内在小孩与守护者相似，源于深度互累症，他们为了服务他人可以放弃自己拥有的一切，忽视自己的所有需求。（他们可能在孩提时期身边就有如此乐于自我牺牲的人，并视他们为榜样。）他们认为只有保持善良又无私的品格，才能得到爱。

• 英雄崇拜者

该类型内在小孩依赖他人或人生导师的指引，这种内在创伤可能来源于孩提时期那超人般从不出错的亲密看护人。他们认为只有压抑自己的需求和欲望，视他人为人生榜样，才能得到爱。

童年的幻想

对于那些因未被满足的童年需求而感到的痛苦，一种常见的防御措施就是将其理想化。这可以是透过美好的网状激活系统滤镜来回忆过去，帮我们屏蔽一切负面事件。环顾四周，我们得出极其乐观的结论：我有一个完美的家庭！我的童年是幸福的！而当我们无法通过合理的方式得出这一结论时，我们就会开始用其他充满幻想的方式来应对，其中一种方式就是进行基于英雄式人物的幻想，或者梦想着只要有某人或某事突然出现或发生，我们就会得救，生活就会就此改变。

我的线上自我疗愈者社群的一位成员南希分享说，她小时候经常做白日梦，幻想杜兰杜兰乐队的成员们坐着豪华轿车带她离开她不幸福的家。她花了很长时间来想象这个事件发生的过程，想象那时自己的感受，以及这次逃亡会如何改变她的生活，让她成为她渴望成为的那个被爱的人。

长大后，南希才将杜兰杜兰乐队从自己的幻想中删掉。但这并不是因为她停止了对英雄式人物带她逃亡这个愿望的幻想和渴望，只是随着年龄的增长，她将这个责任转嫁给了她的暗恋对象，再后来推给了她的男朋友。无一例外地，他们没有人能经受住扮演那种不切实际的人物的压力。而当他们不可避免地令南希失望时，她就会再找一个伴侣。这就导致南希走上了一直在寻找新恋情和性伴侣的道路，但每一次到最后她都会发现自己又回到了同样的状态：不快乐，不满足，仍然渴望着另一个"逃生舱"的到来。

做白日梦本身并没有错。我认为，想象不同的生活情景可以是一种有效的思维锻炼方式。只是南希的幻想就不见得有这般作用了，她将改变的希望完全寄托于一个外部人物身上，她的恋爱关系为她提供的是一种逃避，同样的道理也适用于其他固恋现象。比如，人们会认为，一旦找到一份好工作、买了房子，或者有了孩子，他们就会安定下来或感到满足。他们努力去完成人生清单中的每一项，然而当他们实现了自己所有能想到的目标，他们就会发现自己仍然不快乐，甚至比从前更不快乐，这就引发了十分普遍的中年危机。

受伤的内在小孩会将所有这些冲动带入成年生活。我们在感到无力的同时，仍然渴望着他人的出现来改变我们的环境，让我们快乐，将外部力量当作快速修复自己的方法，无法抑制地持续做着关于另一种现实的白日梦。我们只能通过他人的认可让自己感觉良好。我们选择了捷径，靠毒品、酒精、性来感受当下的快乐，抵消我们的痛苦。事实上，我们真正的终极目标应该是找到自我内在的安全感。我们应该做的是内化"我足够好"这一信念，内化一种不需要依赖他人就可以感到良好的状态。我们如何才能实现这一点呢？

找到你的内在小孩

当你已经迈出寻找内在小孩这一步，首先，你要接受一个事实：你有一个内在小孩，并且他还持续存在于你的成年生活中。最重要的是，你要记住，即使你像我一样对孩提时期的大部分时光都没有记忆，你也有可能找到你的内在小孩——因为你每天所做的、所感受的、所思考的，可能都是过去的经历以这样或那样的方式呈现的复制品。通过对这些日常细节的观察，我们都可以找到自己的内在小孩。

此外，你需要知道的是，我们的内在小孩是受过创伤的。这一点看似理所当然，实则理解起来可能相当具有挑战性。正如我们在第 3 章中所说的，虽然你可能无法指出那个分水岭式的创伤时刻，但这并不意味着你没有经历过创伤，也不意味着这些创伤没有继续带给你伤痛。你甚至可能会说："我的童年也没那么糟糕啦，我不应该抱怨。"我常常能听到这样的话。我要提醒你的是：此刻，你在从成人大脑的角度追忆，你的意识和成熟度可以让你从客观的角度看待并整理过去的事件，而内在小孩无法做到这一点。过往的创伤经历对内在小孩的影响，比我们能想象的要大、要激烈、要极端。所以请先给你的内在小孩呈上一份礼物，那就是承认他的伤口。

接受你有一个受伤的内在小孩的事实，有助于消除你对自己无力改变的现实（也就是处于困滞状态）的羞愧和失望。事实上，无法向前迈进或做出改变的根本原因并不在于你本身，而是孩提时期形成的行为模式和核心信念。内在小孩仍然经受着创伤经历的后续影响，这只是一个事实，就像心脏会跳一样，不是什么应感到羞耻的事情。

重要的是你应该明白，你的内在小孩仅是你的一部分，他不代表你本质的、直觉的自我。当你意识到自己正在从内在小孩的受害者角度做出情绪和行为应答时，请带着好奇心来观察自己做出反应的全过程，你的任务就是观察。当母亲批评你的新发型时，你的内在小孩说了什么？当有人耽误你上班而你随即破口大骂的时候，你的内在小孩和你说了什么？尊重他的回应和体验。

你不需要回答，只需要学会倾听。你倾听的能力越强，就越能有意识地活在当下。当你拥有更强的当下存在感和意识自我，你就有能力区分内在小孩和真我，也就能够对自己当下的应对方式做出选择。

安东尼的内在小孩

找到内在小孩不是为了让他消失——他会永远与你同在，找到内在小孩也不能完全治愈过去的创伤。在安东尼参与线上自我疗愈者社群之前，他对布雷萧的内在小孩疗愈研究已经有了一些了解，并认为我发布的一些关于内在小孩的帖子对他很有帮助，从那时起他就已经开始拼凑他的内在小孩对他持有的核心信念的过滤方式。他开始观察脑海中在性行为和酗酒行为方面令他产生羞耻感的话语，他拆解了脑海中对于童年遭受的性侵犯事件的认知，这才发现，长久以来，他接受的理念都是他作为当事人乐在其中，而这事实上只是他的内在小孩的看法。当他运用明智的内在父母逻辑从成人的角度重新思考这个问题时，他看到的关于那段经历的表述是：他是性侵受害者。

当安东尼开始接受他的内在小孩（以及他全部的痛苦经历）的存在，以及内在小孩确实受到了巨大的创伤时，他才理解了这种创伤推动他做出那些违背他本人意愿的选择的经过。

同时，他确定了自己的内在小孩是高成就型，他意识到自己是如何将成就与爱混在一起的。最终，他辞去了商界高层的工作，因为他意识到了他对成功的痴迷是如何让他像孩提时期一样与自己的真实情感世界脱节的。

故事并没有到此结束，事情从来不会这么简单，不是吗？安东尼并没有止步于为内在小孩打上一个蝴蝶结，然后将他关起来。看到这里的你，可能最初认为等你读完这一章节后，就可以告诉自己："我已经找到了我的内在小孩，现在我已经疗愈了，是时候继续前进了。"事实是，自我疗愈的旅程没有终点。

对安东尼来说，真正的转变始于他平静地接受上述事实的那一刻——他知道他的内在小孩将永远在那儿，与他当下的自我持续对话。在他能更公开地谈论他的性强迫症和物质滥用问题时，他才认清了他的内在小孩多年来一直在重复着的羞耻感和应对行为（用药物或性行为麻痹自己）的恶性循环。

安东尼记得，小时候，有一天他放学回到家，父亲问他怎么不开心，他就和父亲分享了他看到的校园霸凌事件。但他的父亲认为他是在小题大做，在安东尼描述自己因为目睹这件事而在同伴面前哭泣时，父亲还皱起了眉。这次交流之后，安东尼意识到，他的父亲以他和他的情绪为耻。这就是他对羞耻感的初次痛苦体验，也是一次直击灵魂的打击。

这段记忆在安东尼的自我疗愈过程中不断出现，而他找不到摆脱的方式，直到他开始承认自己内在小孩的存在，他才意识到那次交流给他的内心造成的创伤，而这个创伤在他后来遭受到性侵犯时进一步加深了。当漫长又辛苦的一个上学日结束，在回家后的父子时刻，他学到的是他永远不应该公开地、诚实地表现自己的脆弱，否则他会被他最爱的人视为耻辱。于是在他之后的生活中，就连被性侵时，他都装作无事发生，向最亲近的人保密，之后不可避免地，安东尼开始将越来越多关于自己的事实隐藏起来。为了应对根深蒂固的羞耻感，安东尼寻求一切可以暂时性缓解自己不适的方式，秘密地麻痹着自己积攒已久且挥之不去的痛苦感受。

在安东尼的内心深处，他觉得自己不值得被更好地对待，觉得自己就是一个有罪的人。他开始用他所知道的几种不当的方法来应对创伤，而这只会徒增他的羞耻感。随着时间的推移，他终于确定，唯一能让他摆脱过去影响的方法就是，找到并理解他内在小孩的核心创伤。如今的他已经明确知道，当他的羞耻感再次被激活时，他能做的就是给予自己充分表达的安全空间，以打破持续的羞耻感和有问题的应对方式之间的循环。

　　我希望你也可以像安东尼和我一样,早日重新找到与内在小孩的联结。我在下文提供了一些模板,希望能够帮助你以此开始与最能与你产生共鸣的典型内在小孩对话。

自我疗愈之旅：致内在小孩的一封信

第一步：花一些时间观察你的内在小孩
对自己进行全天候的观察，找出最常被激活的内在小孩原型。你也许会发现自己同时存在好几种内在小孩，请尝试先选择其中一个并与之对话。跟随着你的直觉，选择一个最适合交流的内在小孩，或者选择最经常被激活的或是当下最活跃的内在小孩。无论选择哪个都可以，随着时间的推移，你可以与任意一个内在小孩原型进行交流，并花时间确认他们各自经受的创伤。

· 守护者
该类型内在小孩源于相互依赖的关系模式，他们通过忽视自身需求以获得认同感和自我价值感，认为只有迎合他人并忽略自己的需求才能得到爱。

> 亲爱的小守护者妮可：
>
> 　　我知道你曾经觉得你有义务照顾好你身边的每一个人，让他们感觉更好，确保他们都对你的付出感到满意。我知道这让你觉得很累，而且事情最后并不总是能够如你所愿。你不必再这样做了，你现在可以开始认真地照顾自己。我向你保证，我们都会爱你的。
>
> 　　我能看见你，听见你，并且永远爱你。
>
> 　　　　　　　　　　　　　　　　　　　　　　明智的成年人妮可

· 高成就者
该类型内在小孩通过获得成就，来让自己感到被看到、被听到和被重视。他们利用外部认可来抵消自己的低自我价值感，认为只有获得高成就才能得到爱。

> 亲爱的高成就者妮可：
>
> 我知道你曾经觉得自己需要将一些事情做到完美，才能让他人或自己感到幸福、骄傲或被爱。我知道这让你总觉得当下的自己还不够好。你不必再这样逼迫自己了，你不需要那么努力地将事事做到完美。我向你保证，现在的你已经足够好了。
>
> 我能看见你，听见你，并且永远爱你。
>
> 明智的成年人妮可

• 低成就者

该类型内在小孩由于对可能的批评感到害怕或对可能的失败感到羞耻，因而会极力降低自己的存在感，从不主动发挥自己的潜力，从根本上拒绝经历可能让自己产生情感波动的事件，认为只有保持"隐形"才能得到爱。

> 亲爱的低成就者妮可：
>
> 我知道你曾经觉得需要隐藏那些自己擅长的技能、取得的成就，以及其他美好的品质，这样才不会伤害到他人的感情。我知道这样的你在出色地完成一个项目之后也不会好好地为自己庆祝，甚至还会有大事不妙的感觉。你不必再这样了，你可以让他人知道你到底有多棒。我向你保证，你可以展现自己最好的一面，并仍然被爱。
>
> 我能看见你，听见你，并且永远爱你。
>
> 明智的成年人妮可

• 拯救者 / 保护者

该类型内在小孩怀有强烈的试图拯救身边的人的冲动，试图以此疗愈自己的脆弱（在孩提时期尤甚）。在该类型内在小孩的眼中，他人总是无助、无能且具有依赖性的，保持强大可以让他们感受到爱和自我价值感。他们认为只有通过帮助他人、关注他人的愿望和需求、帮助他人解决问题才能得到爱。

> 亲爱的小拯救者 / 保护者妮可：
>
> 　　我知道你曾经觉得每次身边的人遇到问题、需要帮助或感到悲伤时，你都要站出来扮演救世主角色。我知道这让你感到疲惫和失望。对于他人来说，你并不是每一次都能够做到让他们满意。你不必再这样做了，你可以暂时停止为他人解决问题，休息一下。我向你保证，你可以开始专注于自身，并仍然被爱。
>
> 　　我能看见你，听见你，并且永远爱你。
>
> 明智的成年人妮可

• 快乐者

该类型内在小孩总是保持快乐开朗的"喜剧人"形象，从不表现出痛苦、软弱和脆弱，甚至会因为自己的情绪状态的波动而感到羞耻。他们认为只有确保身边的人都快乐，自己才能感觉良好，才能得到爱。

> 亲爱的快乐者妮可：
>
> 　　我知道你曾经觉得自己必须一直保持快乐的状态，让他人感到开心，或者坚强起来。我知道这让你害怕他人看到你的悲伤、愤怒或恐惧，而当你有这些感觉时，你也会觉得很不妙。你不必再这样

做了，你可以有任何感觉。我向你保证，你可以安全地接受自己所有的情绪，并仍然被爱。

我能看见你，听见你，并且永远爱你。

明智的成年人妮可

• 奉献者

该类型内在小孩与看护者相似，源于深度互累症，他们为了服务他人可以放弃自己拥有的一切，忽视自己的所有需求。（他们可能在孩提时期身边就有如此乐于自我牺牲的人，并视他们为榜样。）他们认为只有保持善良又无私的品格，才能得到爱。

亲爱的奉献者妮可：

我知道你曾觉得，每当有人请你做一些事情时，比如叫你出去玩，借用你最喜欢的衬衫，或者请你帮忙，你都必须说"是"。我知道你觉得如果你的真实想法是"不"，你会感到自己是个坏人。你不必再这样做了，你可以根据你的感觉和愿望表达"是"或"不是"。我向你保证，你可以说"不"，并仍然被爱。

我能看见你，听见你，并且永远爱你。

明智的成年人妮可

• 英雄崇拜者

该类型内在小孩依赖他人或人生导师的指引，这种内在创伤可能来源于孩提时期那超人般从不出错的亲密看护人。他们认为只有压抑自己的需求和欲望，视他人为生活的学习榜样，才能得到爱。

亲爱的小英雄崇拜者妮可：

我知道你曾觉得他人比你知道得多，总是指望他人帮你做决定。我知道你觉得自己不够聪明，你不相信自己能做出属于自己的选择。你不必再这样做了，你有独立思考的能力，你能独立做出决定，而无须向他人寻求答案。我向你保证，你可以相信自己，并仍然被爱。

我能看见你，听见你，并且永远爱你。

明智的成年人妮可

第 8 章

认清"小我"

一直以来，我都想做一个悠闲自得、没有压力的人，一个会被形容为"骨子里的嬉皮士"的人。而从某些方面来说，我就是那样的人。

然而，那些令人厌恶的盘子总会出现在我的生活里。

通常，我只要看到厨房水槽里有用过的锅碗瓢盆就会失控——我指的是乱发脾气。有时我还会反应过激，大发雷霆，用手在台面上砸，喊叫着跺脚。全身的压力反应都会随之而来——我的迷走神经会激活神经系统的应激反应，向我的身体发送战斗、逃跑或冻结的信号。我会做出像是有一只熊跳到我身上一样的反应，拼命挣扎以保护自己免受脏盘子的"攻击"。

有时，我也会有不同的反应。我不会扔东西或乱发火，相反，我会安静得像石头一样，让自己沉浸在内心的焦躁状态之中。一连几个小时，我会避开外界，与他人疏远，以至于我的伴侣会用一大堆问题来围堵我。

"你还好吗？"

"嗯。"我板着脸回答。

"你确定吗？"

"是的，我没事。"

不管我产生哪种反应（战斗或是冻结），最后的结果都是一样的——和我的伴侣吵架。

很多人肯定会想："天哪，你的反应也太大了，只是脏盘子罢了！"（你们之中的一些人也有过类似情况，我敢肯定！）现实是，我就是无法调节我的情绪状态，因为这些脏碗碟触动了我内心深处的一些东西，而当时的我还没有意识到，我的潜意识正在和我交流，不管我是否愿意听。

找到小我

现在回想起来，我已经能够理解，这都是因为水槽里那些碗碟触发了我的核心信念：我的伴侣不考虑我的感受，她认为我不重要。你可能还记得，这是我从孩提时期起就形成的核心信念之一。而这，就是一个小我的故事。

尽管小我对我们的生活有着明显的影响，但大多数人依然没有意识到它的存在以及它如何驱动我们的行为方式。小我是内在小孩的伟大守护者，是脑中常念到的那个"我"。任何跟在"我"字后面的表述都是小我的注解："我很聪明、我很无聊、我很性感、我很胖、我很好、我很坏……"小我是我们对自我、自身身份和自我价值的认知。小我是一个编造故事的好手（就是它对我说，水槽里的脏碗碟的出现是因为我的伴侣不考虑我的感受），小我创造与我们相关的表述，并让我们持续地信任它。小我本身并没有好坏之分，它只是一个存在。

小我萌芽于孩提时期，基于我们的父母、朋友、直接接触的圈子和社会大环境传输给我们的信念和观点而形成。小我潜伏在潜意识之中，通常被我们视作自身人格或身份。小我的信念以生活经历为基础，并非凭空产生。

我们一生都在根据自己的过往经历创造出一个个关于"我是谁"的故事，这个故事就包括我们的身份认同、观点和信念的方方面面。小我努力地让我们活在熟悉的叙事之中，尽管这些叙事模式往往是痛苦的，但它们是可预测的。就像我们已经了解到的那样，比起未知的不确定性，可预测性往往能够给我们带来更多的安全感。

来源于小我的意见、观点和信念就像一条无尽的意识河流，让我们将自己困在由小我创造的身份之中。小我的核心目标是在任何时候都不惜一切代价保护我们的身份认同。这种僵化是小我的防御状态，它需要成为一个坚定的保卫者，以确保我们身上较软弱、无力的部分（即内在小孩）是安全的，因此小我一直对一切都带着恐惧，并保持极高的防御状态。小我大都在僵化的二元观念下审视世界——好与坏或对与错，它始终坚持自己的判断，并让我们相信那个形象就是自我。小我将所有相悖的意见或批评的观点视作对我们的存在的直接威胁，因为当我们处于小我状态时，我们的信念和观点就代表自我，对于这些信念和观点的任何一点儿质疑都是具有违抗性的。当我们的观念遭受质疑，小我就会认为核心自我正在遭受威胁。

如果我们不学着观察小我，小我就会奋力为自己辩护，从而继续主导我们的思考，让我们感到不安或自我价值感低下。应激状态下的小我会让你感到突然之间所有事情都变得极具针对性（就像孩提时期的自我中心状态，即以为自己是所有事的起因）。你感到刺痛了吗？同事那句伤人的话让你怒火中烧了吗？你感到充斥内心的自我辩护、回击和取胜的欲望了吗？你是否不惜一切代价也要拥有最终决定权？你是否想去回击和贬低他人？是否想去比较和比对？是否觉得自己还达不到自己的要求？此时周围发生的每一件事都像因你而起，这也就是许多人执着于取悦或打动他人的原因，同时也是让我们感到困滞的一个重要起因。

小我的整个激活过程可能是这样的：

1. 我感到愤怒是因为我的情绪被激活。

2. 我的情绪被激活是因为伴侣未能即时回复我的信息。

3. 伴侣未能即时回复我的信息是因为她/他不在乎我的感受，这让我很生气。

4. 当我生气时，我就要对着我爱的人大喊大叫或避之不理。我的小我接收到了触碰到我的核心创伤（"我不重要"）的信息，并将其向外投射，而比起再次体验核心创伤带来的痛苦，我宁愿将情绪胡乱发泄到他人身上。

5. 得出结论：我就是一个无用又易怒的人。

当然，尽管这个最终结论不是事实，但我们越是听从小我的表述，它就越有可能成为我们认定的事实。比如，你想开始写日记，而小我却对你说："这是在浪费时间，你还有很多其他更重要的事情可以做。"小我以此让你免于承受可能的失败或是你即将发现的新事物带来的恐惧。再比如，你完全有能力胜任升职后的工作，却因可能的拒绝给你带来的伤痛而自行选择退出竞争行列。我们背负的过往羞耻感越多，小我就越会极力去避免未来可能会让你经历更多羞耻感或更深伤痛的事件。小我为了保护你不再受到伤害而为你设下心理障碍，因为任何一个可能为你带来正向改变的机会，都同时有可能让你尝到失败的痛苦。

激活小我

小我是高度警觉的，总是充当着保镖的角色。同时，小我也是僵化的，常常敌视相反的观点，并且拒绝妥协（甚至拒绝显露同情）。小我处于一种近乎持续的防御状态，时刻准备着去应对任何反对的声音。小我感受到威胁的情况可以分为以下几种：

- 因创伤防御而引起的全身反应或强烈的情绪反应
- 因缺乏与真我的联结感到不安而营造的自信的假象（也有人称之为自恋）
- 缺乏基于细节的判断和思考能力，以二元观念审视所有问题，没有灰色地带
- 极端的竞争心理（认为他人的成功一定会破坏自己的成功或与之冲突）

当你的观点、想法、信念与人格相融时，就会出现这些反应。这也是小我的故事总是生死攸关的原因：每当有人反对或批评你，你都会感到这个人的意见并不局限于某个特定的话题，而是在针对你的整个存在。当一个信念受到威胁时，比如有人讨厌

你喜欢的电影（这确实是一个很傻的例子，但当我们容许小我帮我们做出反应时，就会出大事），你就会感到你的整个存在都受到了威胁。

通常来说，当分歧真正发生时，小我的目标并不是试图让双方都接近共同的真理，而是要让对方放弃自己眼中的现实，通过摧毁对方来建立自己的价值和力量。这也就是为什么分歧常常在短时间内就能引发不堪的场景，以及为什么就是有人从来不听从他人的意见。因为如果你相信你的小我就是你的自我，你就不再拥有对话或沉思的空间，不再拥有扩展或适应的空间。有时候，当我看到争吵的场景，我看到的是双方的小我在以自卫的姿态重演着各自孩提时期的创伤和应对模式。

小我投射

小我为了捍卫它对我们的评判结论，每天都加班加点地工作着。它持续地否认或压抑着我们"不好"或"不对"的情绪，好让我们变得得体或令人满意，进而得到尽可能多的爱。而这些被我们压抑的"不好"或"不对"的部分，有时就被称为"影子自我"。

影子自我基于幼儿受到的成年人观念的影响而形成，这些观念包括我们的哪些方面应该隐藏，哪些事情值得夸赞。由于孩提时期个体的强烈依赖性，幼儿为了维持自身与外界的联系并继续存活下去，就必须按照外界的标准让自己更合群。这是一种生存本能，是在养成和理解与世界互动的方式的过程中人类的进化优势。当我们为了能够感受到爱而持续压抑部分真我时，压抑的行为本身就为小我编造的故事提供了素材，我们进而就会变成我们认为自己应该成为的人。

我们已经知道，这个过程是无意识的，我们越是否认影子自我，我们就越会感到羞耻，就越是与自我直觉脱节。这种羞耻感和脱节会向外界投射，突然间我们就会将自己的过错和自我批评投射到他人身上。我们越是与自我脱节，越是对自己感到羞耻，我们就越能在他人身上看到让我们不适的行为模式。

为了继续让自己认可自己是个有价值的、安全的、不错的人，我们会告诉自己："我和别人不一样。"而事实是，我们和他人在本质上有着完全相同的缺陷。比如，在你排队买咖啡时，一个女人在你面前插队，你愤怒极了，心想："这是个自以为是、傲慢无理的混蛋！自恋又粗鲁！是个坏人！一点儿也不像我！"

这就是小我讲述的一个故事。没有人有读心的天赋，我们不可能知道面前插队的女人的想法，但结合我们自身的过往经验，我们能轻易地想象出一个故事。自我投射就是在未曾与他人有直接互动的前提下，无意识地在他人身上重现自己过往行为模式的行为。也许只因在我们坚持自我时，父母那句说我们傲慢的评论，我们就开始学会压抑自我的需求，并学会以同样的眼光审视他人的需求。

正是因为不确定性令人恐慌，小我为我们讲述的故事才显得如此自然。当一个人的行为无缘由地让我们感到不安、愤怒或不适时，小我就会得到超强的驱动力，通过让我们坚信自己永远不会做如此糟糕的事情，来解释眼前的事件并保证我们的安全——"坏人才做坏事，既然我是个好人，我就绝不会做那种事。"这也解释了为什么许多人会习惯性地评判他人，因为评判他人能让自己从与羞耻感的斗争中解脱出来。当我们找到他人的缺陷时，我们就可以忽略自己的缺陷，甚至让自己相信自己高人一等。其实这些都无关对错或好坏（对错和好坏只是小我的判断标准罢了！），只是生而为人都会经历的人生过程。

疗愈小我

现在我们已经了解了小我的作用，是时候开始对小我进行疗愈了。这一步的目标是使得我们变得有意识和有觉察力，而不是听任小我代替我们做出反应。疗愈小我的第一步很简单——自我观察，当我们的大脑处于"自动导航"模式，小我就控制了方向盘。我们应该更加主动地更多地动用意识脑，来帮助自己进一步摆脱小我对于我们的日常生活的控制。当我们变得更加有意识且有觉察力，我们就可以理解小我的思维模式和恐惧。尽量不妄加评判地观察小我的脾性和防御性行为习惯。小我的防御性和脆弱性与内在小孩相似，两者都需要在不妄加评判的情况下被感受。小我需要足够的空间才能安定下来，才能放松和缴械。

第一步：让小我进行自我介绍

这一步的目标是将小我与自我分离，同时练习做一个无偏见的观察者。

可以借助下列简短的提示以进入状态，这大约需要1~2分钟。

1. 找一个没有任何干扰的安静之地。

2. 闭上双眼，做一次深呼吸。

3. 重复确认以下信念："我现在是安全的，我选择与小
   我分离，以一种新的方式来感受自己。"

我需要提醒你的是：第一步虽然用时不长且看似简单，但事实上是最难的一步。小我抗拒自我观察和审视，所以当你还处于培养自我观察能力的初期，与小我的接触可能会让你非常不适，你可能会感到烦躁甚至恶心。你的小我还可能会告诉你，你不应该进行这样的练习，因为这太傻了。这都是迈出第一步时的正常体验，请你一定要坚持下去。熬过这种不适感是需要付出一些努力的，所以请对自己有耐心。

第二步：与小我友好邂逅

现在，我希望你开始注意你在"我是"这个短语之后的所有表达。当你听到自己说出这些话或者观察到你脑中有与自我评判相关的想法时，将它们当作一个线索，留心接下来的表述，比如："我总是迟到，我记性太差，我总是吸引不好的人……"不要评判，不要气愤，不要失望，记住它，或者可以的话在记事本上或用手机记录它。留意自我评判的想法出现的频率，留意在对话中你避开关于自己的话题的次数，留意你是否会避免表达自己的情绪，留意"我是"这个短语之后的表述的消极程度。

以上都是小我的言论和表达，这些表述一直在重复着，以至于你根本没有注意到它们，没有意识到它们的重复性，也没有质疑过它们的真实性。这一步会将你从因熟悉的思维模式而生的舒适感中拉出来，那是你在意识到小我的存在前无意识的选择，那

是小我一直利用过去的行为模式、制约和童年创伤替你做出的反应。小我的疗愈将为你提供一个自主选择新想法的机会，随着你练习次数的增多，疗愈效果会越来越好。（至今我仍然会在我感到小我被激活的时候重复这些练习。）重复练习可以刺激大脑中新通路的产生，让我们更容易进入自我观察的状态。

第三步：为小我命名

这听起来可能很傻，但命名有助于将自我与小我分离。一旦我们能认清小我并为它命名，我们就可以将（或者说进一步将）直觉自我与小我分开。

我将我的小我命名为"杰西卡"。我会看着它工作，有时它会一连消失好几个小时，然后又突然带着强烈的情绪反应折返。我还注意到某些事情会让"杰西卡"格外敏感，但这些问题也都不是大问题。

当我感到小我被激活（"杰西卡"接过我心灵的缰绳），我开始想发脾气或说一些尖酸刻薄的话时，我会试图掌控它。"杰西卡又开始发脾气了。"我会说。大声将这句话说出口给了我不可思议的帮助，这让我有片刻的时间进行深呼吸、思考并做出选择——是纵容"杰西卡"还是控制住它。

我收到过一些人的留言，他们都给自己的小我取了很搞笑的名字。你的小我的名字是什么呢？

第四步：找到应激状态的小我

当我们提高了意识自我的水平，我们就能够知道，小我的故事并非真实。我们持有的一些观点完全不能代表我们是怎样的人，它们只是小我试图捍卫身份和保护我们免受痛苦的结果。

当我们进入观察小我的状态，我们就可以接受甚至容忍那些会挑战小我安全感的意见和行为。下一次当你感受到情绪反应就要被激活时，请留心记下整个体验过程，这一步算是第一步的延伸。接下来，记下所有你感到不适或愤怒的时刻。当时小我对你说了什么？具体是什么激活了小我？

下面举一个例子：

姐姐对你说："你看起来很累。"你略带讽刺地回应道："我当然很累，我每周要工作 60 小时，还要抚养孩子。拥有很多空闲时间的感觉一定很好吧。别担心，下次见到你时，我会好很多！"

你的姐姐陈述了一个客观事实："你看起来很累。"

你的小我接收到的信息却是："她总是一副无礼、优越的样子，她根本不懂我经历的艰辛，也不懂我为了维持生计付出的诸多努力。"

在这里，小我感受到的是一种自我价值感低下的核心情绪。这种情绪令人痛苦，而且由于你从来没能学会如何处理自己的感受，小我就将这些情绪投射到你的姐姐身上。我们也知道，比起与令人痛苦的情绪共处，小我就是会更倾向于将其向外宣泄给他人。

正确回应姐姐的方式之一是去承认你受伤的感受，而不是掩饰它。你可以回应说："呀，你这样说很刺耳，我会过度理解的。"

当我们以一种更有力量的方式驾驭小我时，我们就可以真正地在不感到威胁、质疑或挑战的情况下进行对我们来说有困难的对话。越是练习对小我的意识，小我就越会听从我们的管控，我们就会越发自信，让小我安定下来为真我服务。虽然我列出了疗愈小我的步骤，但事实上疗愈过程并非线性的。在你的自我疗愈过程中，你与小我会持续抗衡，有时你可以进一步，有时你需要退一步。小我一直与你同在。

自我真相的概念

当你能够控制你的注意力并且练习自我观察时，你就会开始逼着自己更客观地理解自己的行为。光是自我观察是不够的，你还需要如实地接受你观察到的内容。尝试对影子自我保持开放和坦诚，它将帮助你直面你的自我真相。

影子自我由我们所有不光彩的部分组成，它涵盖了会让我们感到羞愧并试图否认的一切——我们的情感经历、过往和父母。小我花了很长时间努力地想掩盖这一部分阴影。当你学会如何质疑小我，比如通过观察自我对他人的判断和投射，你的影子自我就会显现。你越是能够与小我分离，你就越能从第三方的角度客观地观察问题。

自我投射（或是内在情绪的外向表达）就是影子自我发出的讯息。下次，当你不可避免地又听到那个内在的批评或评判的声音时，请留心观察它说了什么。我想分享一个在我刚开始寻找小我时发生的故事，当时我在思考自己为什么会对在网上发布自己跳舞视频的人感到情不自禁地厌恶。光是看到这些人和这些视频我就会感到很生气，这让脑海中的小我开始工作："他们好自恋，他们太需要被关注了……"但事实是，我无法像他们一样尽情展现自我，在我还是个小女孩的时候，我就不在公共场合跳舞，我嫉妒那些人。

当小我坐上了驾驶座，大脑就会开始捣乱，它会让你压抑、逃避、否定或拖延。当你能够承认这些负面事实的存在，你就可以更客观、更诚实地看待自己，并最终更仁慈地对待自己。

小我意识的概念

如果我们处于无意识、无觉知的状态，我们就会遵循着小我的想法、模式和行为，完全认同小我编造的自我概念，我们的默认反应就会是将不适的感觉外向化，指责他人，向外宣泄能量。这样的意识状态就叫"小我意识"，它会让我们无力做出自主的选择，进而很容易被环境左右。

还是以我洗脏碗碟的经历为例。

当我看到满是脏碗碟的水槽，并感受到我正在上涌的愤怒情绪时，我开始进行自我观察。我感受着身体的反应：心跳加速，血液上涌，全身开始发热，焦躁不安，随时准备爆发。当我观察着自己的反应，并为它们提供自由发展的空间，而不是简单地将它们视为过度反应时，我就能够开始从这些反应中学习。我开始倾听它们的叙述，我让自己更客观地思考。我的心在狂跳，血液还在不断上涌，我仍感到焦躁不安；但更多地，我开始以第三方姿态从远处观察，观察我的内在世界的变化，而没有让自己立即跳入愤怒或解离状态的旋涡。

我花了不少时间进行更加深入的观察，我感到自己胃部的深处暗藏着一种恐惧，然后我意识到这种感觉来自我的童年，我辨认出那就是我熟悉的创伤反应，我的潜意识渴求着我在孩提时期经受的那种压力循环。我理解了我的愤怒并不仅仅是因为脏碗碟或者我的伴侣，还因为我的母亲（因为她在情感上与我太遥远，而且她容易忽视我）。脏碗碟像一个时光机，将我带回费城家里的餐桌之下，我又开始玩着我的小车，看着母亲盯着窗外等待父亲归家。脏碗碟将我带回到所有我曾感到被忽视或被遗忘的时间和地点，将我带回到母亲惊慌地站在我的面前并且无法给我安慰或安全感的场景中。为了保护我，为了让我不用再次体验那种痛苦，我的小我编造了这个故事，并以它的方式进行了回答，即通过尽可能戏剧性甚至攻击性的方式把对方推开。

在得出这些结论之前，我从未如此清晰或诚实地理解自己，但现在的我已经可以自主地改变脏碗碟在我的潜意识中象征的意义了。

这个转变的过程花了好几年，现在的我很喜欢洗碗，我不再将脏碗碟视作被忽视的证明。这一切不可能在一夜间发生，首先需要练习的就是在脑海中建立关于洗碗的新看法。我会忍住不理会潜意识丢给我的白眼，我会一边感受温热的水流过手中光滑的盘子，一边告诉自己："你没有被忽视，你很重要！"即使我不相信，我还是会大声地说出来。

慢慢地，洗碗变成了一项让我感到快乐的日常活动。洗完碗之后，我会给自己一段独处的时间，也许我会花半小时一个人在房间里读书，或者一个人出门遛遛狗。每天重复这个新想法，潜意识就会逐渐安定下来，而这个想法也会转变成信念。生活中很多时候，我还是需要应对自己被激活的情绪状态（事实上我们可能永远无法避免这一点），但随着时间（很长很长的时间）的推移，我已经能够主动引导自己的情绪反应，做出经深思熟虑的、有意识的反应。

我不再是事件中的受害者。我无法控制他人洗不洗自己的碗碟，但我可以干预并改变小我的故事版本。我不再需要依靠任何外力来调整自身的内在感觉。我感到那堆脏碗碟让我更强大，因为它们给了我主动选择的权利，我选择花时间洗碗，并因此为自己骄傲。

在进行了多年的自我疗愈之后，现在，我的情绪仍然会被激活，特别是当我的小我经历了很长一段蛰伏期之后，或者是当我因生活压力和睡眠不足而在生理和情感上都感到几近枯竭时。与自我疗愈的其他步骤一样，疗愈小我的过程也是持续的，你永远不会到达终点。但是，只要你选择开始练习，它就能给你的生活带来转变。我们越是拥有小我意识，就越能发掘自身理性、幽默和共情的特质，最终也能在他人身上找到相同的特质。

小我疗愈的最终目标是养成赋权意识，或者说让你了解并接受你的小我。通过反复练习，这种意识状态会为你营造一个觉知的空间，使你有能力做出小我的默认反应之外的选择，一个接一个地，这些新选择能够一起为你的未来添砖加瓦。小我不会像大多数人想象的那般消亡，它永远与你同在，即使你认为自己已经掌控了它。（这句话本身就是小我才会说的话！）事实就是，小我总会在最意料之外的时刻现身。

还有一点需要明晰的是，即使很多人已经养成了自我赋权意识，他们也没有特殊的地位和权力能够去影响压迫性社会环境中那些结构性或客观的变化。我们无法通过对小我的疗愈摆脱系统性的压迫环境，但是，我们可以用各种方法来增强内在的力量，更坚强地生活下去。我希望，我们都可以通过生活中自主的日常选择（无论它多么微小）增强内在的力量。

自我疗愈之旅：找到你的影子

为了帮助你找到影子自我，你可以参照下列模板进行反思和记录：

当你感到嫉妒，问问自己，对方拥有自己缺少的什么东西？

_____

你多久给他人提一次意见？你为什么要这样做？（通常会有明显模式）

_____

你会如何向他人描述自己？（这有助于理解你对自己的看法和那些
限制你的信念）

_____

你会如何在背后谈论他人？（这有助于理解你对人际关系的看法，
以及依恋关系或心理创伤）

_____

一旦小我或是小我编造的自我故事受到威胁，我们就会变得情绪化，比
如为了观点的统一而争论、批评他人、发脾气或与外界环境解离（这通
常就是你不快乐时的典型表现）。当你开始探索和认识驱动这些反应方
式的深层信念时，你必须意识到，这些信念不会在一夜之间消失。正如
你已经从前文了解到的，小我的故事以及影子自我均存在于我们的潜意
识深处，每天都指挥着我们的日常反应，不可能立刻被改变。当你开始
进行小我的疗愈，你就会对你的小我以及与之相关的反应有更多的觉
知，你甚至能觉察到你想用旧模式去做出反应的强迫性冲动，并且在
很多时候你确实选择了放任你的小我去做出回应。请记住，这些都没
关系。

未来自我日记：将小我意识转变为赋权意识

为了打破小我的习惯和行为模式的制约，你需要在本能地回到小我的默认反应模式之前为自己开辟一个空间。你可以尝试使用下列模板进行记录（或者自己设计一个类似的模板）。

今天，我练习了打破过度情绪反应的旧习惯。

我很感激我能够有机会选择用新的反应方式来回应我的日常生活。

今天，我感到很平静、很踏实。

这方面的改变让我感到自己能更加自主地做出选择。

今天，我完成了先调整呼吸再做出反应，并为新的、有意识的选择开辟空间的练习。

第 9 章

应对羞耻感、成瘾和创伤性联结

在我的成长过程中，我最常说的一句话就是"好无聊哦"。我总是追逐着皮质醇过山车的醉人高峰，甚至在离家或独处时，我也能重建那种压力循环。当我睡不着的时候，我会通过想象家人可能的死亡方式——火灾、洪水、入室抢劫……，来制造熟悉的压力循环以抚慰自己。

后来，在与恋爱伴侣的相处过程中，我也找寻着同样的压力循环。我会成为感情中主动维持距离的那一方，而且基本上不回应对方的情感需求，这也是我在孩提时期与母亲相处的时光中习得的行为模式。久而久之，我变得越发不满，因为我会完全将情感中的隔阂和距离感归因于对方。每当她们向我靠近时，我都会选择躲开，因为我并不熟悉那种亲密关系。而当她们转身离去时，我又会惊慌失措，让自己回到童年时熟悉的压力循环。每当处于这种情境之下，我的大脑就会飞速运转，盘点着女朋友所有让我失望的行为（一条未回复的信息、一份不周到的礼物、一句不真诚的或负面的评论）。无论怎样，我总能找到一些可以让我紧张的事情。即使是在关系最平和的时期，我的大脑也会念叨：
"我感觉不对劲，也许我并不是真的爱这个人，也许我已经厌倦
这段关系了。"只有这样的压力循环才能让我感受到自身的真实
存在，否则我就会感到麻木和无聊。最终的我总是会回绝对方或
选择离开，然后再用这些无疾而终的感情进一步强化我的信念：
"我将永远孤独。"

　　回想起来，我第一次被女友萨拉吸引，正是因为她给了我
那种过山车般的不确定感。我从来没能真正看清我和她之间的关
系，那种不安的感觉令我兴奋（也令我那失调的神经系统感到熟
悉）。我们交往了几年后，我开始怀疑萨拉背叛了我，觉得她和
一个我们共同的朋友在一起了（我的直觉告诉我事情不太对劲）。
于是，我找她对峙，在她否认了这件事情后，她表达了她对我的
失望，并说我有"疑心病"。当时的我对自己的直觉没有足够的
信心，就没再理会。后来，当我发现她出轨的事实时，那种感觉
就像有一块巨石突然砸向我的内在小孩。最刺痛我的不是她出轨
的行为本身，而是她对我的认知的否定，这是我孩提时期的创伤
之一。（我的家人习惯性地对彼此的真实感受避而不谈，其中就
包括我的性取向。）由于我从来没能学会信任自己认知的现实，
于是我选择了相信萨拉陈述的现实。

　　我理解了我是如何导致我们之间的情感联结脱节以致这段
恋爱关系结束的。现在的我知道了自己当时对这段感情有多不上
心，尽管表面上我是这段感情中受伤的那方，但事实是，我对这
段感情根本不在意，也并不投入。在我们整个恋爱过程中，大多
是我在指责和挑剔她，是我一直保持着情感上的距离，进而给我
们的关系留下了一个巨坑。只有当一个人能与自我联结的时候，

他才有能力与他人联结。

当这段感情不可避免地走向终点，我搬离了住所，找到一套三居室的公寓，和一个比我大几岁的女人合租。我们很快就建立起了牢固的友谊，并逐渐演变成爱慕之情。这段感情让我感觉自己跳入了一个温暖的澡盆，抚慰又诱人。直到现在，我才认识到这种安全感同样来自我孩提时期习惯的相处模式。

基于共有的焦虑体验，我们开始花更多的时间在一起交流感情。而除了焦虑感上的联结，我在情感上仍然与她保持着距离。一如既往地，我大费周折地取悦身边所有人，却无法提供他们最想要的东西——真心的联结。

我们的恋爱关系持续了几年后，我们终于聊到了婚姻的话题。结婚作为下一个环节似乎顺理成章。当时的纽约还未在法律上承认同性婚姻，所以我们就跑到其他州结了婚。

婚后不久，我们从纽约搬到了费城，抛弃了我们熟悉的日常生活和特别活跃的社交生活。在这种少了很多其他日常选项的新环境中，我们情感上的脱节问题也慢慢显露，感情随即亮起了红灯。我又开始处于一种几乎持续性的情感解离状态，无法给予妻子所需要的一切，自己也无法感到满足。我将多年以来未能被满足的需求全部投射到她身上，同时通过持续的情感解离状态来安抚我内心不断累积的怨恨感。我的冷淡进一步引发了她的焦虑，而她为了寻求安全感又不断地向我靠近以求联结，这让我深陷在失调状态之中，并进一步在情感上远离了她。这也是我在接手过的夫妻客户中常常观察到的一个循环，许多人会因此陷入绝望，最终以离婚收场。

有一天，在结束了导致我情绪波动巨大的工作之后，我回到家，开始感到非常不舒服。我的心跳加速，前一秒还汗流浃背，后一秒就感觉浑身冰凉。我穿上运动鞋和厚重的冬装夹克，打算去趟医院，我以为这是心脏病发作了。而实际上，我只是焦虑症发作了——当时，就连我这个临床医生都没能正确判断出来。我套上羽绒大衣，蜷缩成一团，前后摇晃，不断告诉自己调整呼吸，通过呼吸来缓解疼痛。好在那不是心脏病，只是从灵魂深处发来的一封急电。我的心智已经逃避真相太久了，以至于我的身体不得不出面处理这个问题。我意识到，我对爱人的选择并不是随机的，一切都基于我的习惯性行为模式，一切都基于从幼儿期的依恋关系开始构建的深层次的故事。我正在维持的情感关系也建立于这种模式之上，而非真实的情感联结。

我持续关注着这个新发现的真相，内心挣扎了好几个月后，我终于做出了人生迄今为止最困难的决定之一。这是我在生命中为数不多的一次听从真我的声音，并根据它的指引做出回应：我向妻子提出了离婚。

成人时期的依恋理论

为了个人的生存和发展而产生的对他人的依赖并不会随着孩提时期的结束而消失，作为成年人，我们继续追求着依恋关系，这主要表现在恋爱关系中。20 世纪 80 年代，心理学家辛迪·哈赞博士和菲利普·谢弗博士将依恋理论进一步应用到情侣之间，通过"爱的测验"来对比研究伴侣分别在成年后所建立的恋爱关系中与在幼儿时期经历的关系中获得的安全感[71]。研究结果证实了许多心理学界人士抱持已久的猜想：幼儿／孩提时期的依恋关系是成年后的恋爱关系的基础。尽管这并非一个绝对的规则，但通常来讲，如果一个人能够在幼儿时期得到亲密、支持性和充满爱的情感联结，他更有可能在成年后拥有同样的情感联结，如果一个人在孩提时代的情感联结疏离、不稳定或伴随虐待行为，他在成年后也更有可能会寻觅同样的情感联结。

帕特里克·卡恩斯博士在《挣脱剥削性关系的束缚》一书 [72] 中延续了这一研究。他提出了"创伤性联结"一词以描述两个个体之间缺乏安全感的依恋关系。这是一种有问题的情感联结，通过奖励（得到爱）和惩罚（从爱中抽离）这样的神经化学表达来强化。卡恩斯博士专注于极端的创伤性联结的案例研究，比如家庭暴力、乱伦、虐童现象，甚至是绑架、邪教和劫持人质案例中的斯德哥尔摩综合征表现。在他看来，当个体开始想要从创伤的源头（虐待或伤害他的人）寻求慰藉时，他就进入了创伤性联结状态。当创伤来源是我们依赖的人时，我们就会学习如何让自己陷入创伤性联结状态以应对一切。（在这种情况下，我们通常是为了得到爱。）卡恩斯博士将这种现象描述为"误用恐惧、快感、性欲和性生理反应以求与他人产生情感联结的行为" [73]。

在我看来，从广义上来说，创伤性联结是一种关系模式，它让你困在不允许真我自由表达的相处模式中。创伤性联结通常在孩提时期习得和稳固，在成人后的关系（同辈、家庭、恋爱、职场关系）中重复。创伤性联结往往基于个体早年未被满足的需求而形成。

创伤性联结并不仅限于恋爱关系，虽然它往往在恋爱关系中体现得最明显。几乎所有人都会有自己的创伤性联结，而且这个联结往往就是基于那些不能持续得到满足的特殊需求（身体、情感或精神上的）而建立的。

以下是一些常见的创伤性联结迹象：

1. 你对一些特定的关系模式有一种近乎强迫性的追求，即使你明知这种关系若长久维持下去很有可能出现问题。我们通常会混淆在创伤性联结中感受到的强烈情绪和爱。在推拉式相处模式中我们也可以看到这一点，恐惧和被抛弃的情绪似乎总能带来令人兴奋的化学反应。与之相反，让人感到安全的情感联结，就会因为不存在害怕被抛弃的心理给人带来的那种刺激而显得无聊。兴奋感就是让许多人对创伤性联结成瘾的强大动因。

2. 你的需求很少在关系中得到满足，或者说你根本不清楚自己的需求。孩提时期，所有人都有自身的生理和情感需求，我们需要通过与父母式人物的相处，找到让自己的需求得到满足的方式。但常见的情况是，父母式人物尚且无法满足自身需求，更不用说正确地满足你的需求了，这种情况也会导致你在成年后出现同样的问题，比如：你无法向他人清楚地表达自己的需求，因为害怕或羞愧而不敢说"不"。自身需求长期得不到满足，将致使个体长期处于愤慨、失落或无力的情感旋涡中。

3. 在特定的关系联结中，为了让自己的需求得到满足而不断地自我欺骗，这会导致个体的自我信任感日益降低。当你不再信任自我，外界影响就会全权接管你的自我价值判断，至此你就会长期依赖他人对你的看法而活，放任他人对你的现实情况下最终定论，而不是基于自己的所知所感做出决定或选择。这将形成一个恶性循环，让你进一步与真我脱节，并处于不安稳的状态之中，或者像我的一些客户形容的那样，沉溺在一种疯狂的感觉之中。

创伤性联结是一种相处模式，它基于孩提时期关于自我的所有表述而形成，并体现在我们成年后的人际关系中，它是我们在内在需求未能得到满足的情况下的适应（或应对）方式。小我的故事（比如"我不重要"）就是早期生活中我们用来缓解难以忍受的情绪和应对难以处理的创伤时开发的适应性策略，我们曾经利用这种方式帮助自己解决了与主要依恋人物之间的问题。所以，当我们成年后，面对在其他关系中感知到的威胁时，我们也会将儿时的应对策略当成救命稻草紧紧握牢。我们把它们当成自我防御的盔甲，生怕内在小孩的伤口再次被撕裂。

这些应对模式的吸引力是如此强大，以至于我们会为了维护创伤性联结付出一切，包括为了得到爱而常常进行的自我欺骗行为。这些自我欺骗行为从本质上来说，与孩提时期我们通过外界评价塑造核心信念的行为相同，都压抑或忽视了真实自我。生而为人永远都是为了爱而行动，因为联结等同于生存，爱就是生命。

羞耻感、成瘾和创伤性联结

经历过创伤的人很容易分不清应激反应（心理和身体层面上的反应）和真实的情感联结之间的差别。当应激反应被潜意识认定为稳态，我们就有可能将威胁和压力信号视作性吸引和令人兴奋的化学反应，并迷恋上这种高度刺激的循环，使我们的每一段感情都以同样的方式告终。这种创伤性联结状态的本质就是一种瘾，与其他任何一种成瘾行为同样真实且具有消耗性，会不停地将我们带上相似的生化反应"过山车"。

对许多人来说，亲近和疏离的循环始于幼儿时期，是我们早年人际关系的一部分，因此，在成年之后，我们依然会继续寻找能够反映相同循环的关系。比如，在孩提时期，父母在某些时刻对我们表现出爱和关注，在另一个时刻则对我们置之不理，这样一来，幼时的我们就会因渴望得到爱而学习适应父母的动态。如果父母在我们行为不端时给予我们关注（即使父母的反馈是负面的），我们就有可能会为了得到更多的关注而故意做出更多出格的行为，尽管我们通过这样的行为得到的好像并不是爱，但无论如何我们确实被父母关注了，而这正是个体的核心需求。我们在孩提时期为了从父母那里得到自身身体、情感和精神满足所做的所有尝试（无论这些方式有多零碎、不合情理，甚至带有自我欺骗的性质），都会在我们成年后寻求同样的需求满足时重演。我们总会倾向于回到这些熟悉的相处模式之中，无论实际成效如何。

这也很好地解释了为什么那些出生在充满压力和混乱的环境之中的孩子，成年后仍然倾向于回归相似的生活环境。当我们处于恐惧状态（受到身体伤害、性虐待或被遗弃）时，身体在分子、神经化学和生理层面都会发生改变。当我们将压力激素的释放和神经系统应答归结为爱的体验，这些应答反应带给我们的感觉就具有成瘾性，这会使相应的大脑神经通路的联结成为一种体内稳态。潜意识中我们总想重回旧日，因为我们是倾向于待在舒

　　　　　　　　　　　　　　　　　　　　　　　　自愈力

适区的生物，我们喜欢预测未来，即使这个未来注定痛苦、悲惨，甚至可怕，它也仍然比未知更安全。

性化学反应也有着强大的生理效应。如果一段恋爱关系的基础是极端的情绪波动，那么这段关系之中往往会有强烈的令人感到蓬勃生机的性欲。在性爱过程中，人体释放的都是强效激素：催产素能增强联结感并起到镇痛作用，可以使我们短暂地忘记任何情感和身体层面的伤痛；多巴胺帮助改善情绪；雌激素为女性感官刺激带来全面升级。因此，我们难免会渴求更多这样的快感，特别是当这种快感还与孩提时期形成的相处模式交织在一起时。当欲求如此强烈，勉强维持头脑清醒就变得十分困难。

这也解释了为什么恋爱关系中的问题总是在性事频繁的早期甜蜜之后才凸显。一旦过了那个阶段，我们就会抱怨无聊，或者过度关注伴侣的过错来给自己制造压力。当我们已经习惯性地将爱情与创伤反应联系在一起，若没有一系列创伤反应，我们就会感到枯燥和麻木。我就曾陷入这样的循环中。如果我的情感关系风平浪静，没有一丝危机临近的感觉，我就会感到烦躁不安，开始为这段关系增压。由于我对我的过往成瘾，我将它变成了我的未来，结果就是我又因一次次走上同样的不归路而感到羞愧。

如果我们知道我们有能力更好地应对，只是我们那不合逻辑且日益强大的潜意识一直在阻碍我们，导致我们无法走上那条更好、更理性的道路，那么羞耻感就会产生。我的许多客户都对我说，他们发现自己身陷于创伤性联结固有的吸引力 – 羞耻感循环之中。我们经常意识到自己曾处于且仍处于创伤性联结之中但不加悔改。预警信号几乎总是显而易见的，而且很多时候，朋友和家人也会注意到并试图善意地（有时是恶意地）提醒我们。

当我们处于创伤性联结状态，我们并不会用理性脑做出反应，我们被源于过去的潜意识创伤所牵引，生活在植根于熟悉感的大脑的自动模式之下。如果你不能正确认识在创伤的条件作用下形成的反应模式，即使你找到了"完美"的（不管这个词对你来说意味着什么）伴侣，而且这段关系看似很融洽，你仍然会觉得这段关系缺少了一些必要的东西——缺少的就是真正的联结，因为你仍然被困在创伤性联结状态，理智无法帮助你从中解脱。

我分享我的故事是为了让你明白，身陷创伤性联结不应让你感到羞愧。你的身体中每时每刻都在发生着一连串的生理反应，努力让你保持过去的样子。那些"放手吧"或"你早该知道的"的话是无益的，它们出于对创伤性相处模式的不理解。创伤性联结是一个需要被有意忘记的过程，这需要时间、心血和努力。

创伤性联结原型

与本书其他成长课题一样，打破创伤性联结的第一步就是认识它。现在，你可以从童年创伤对成年后的人际关系的影响的角度，重新审视第3章中提到的童年创伤。在阅读下文之前我需要提示你的是，下列原型中，许多人会同时与其中几个产生共鸣，而少数人在这些原型中根本看不到自己的影子。也许你会发现自己的创伤反应可能与下列描述并不完全吻合，但生活中本来就不存在完全贴切的东西。找原型的目的是允许自己将人生倒带，去问问过去的那个自己：当年发生了什么事？这件事如何对我造成了伤害？现在我在人际关系中又应该如何应对？

父母否认你的真实感受

任何时候，当孩子被告知他们的所想、所感或所经历的不成立，他们的自我中就将出现一处空洞。拥有这种创伤性联结的人，往往会为了维持家庭的祥和而否认自己的想法、感受或经历。他们不承认自己的需求，或者可能变得病态地随和。他们可能像是殉道者，无私地做着许多不利己的事。他们是典型的冲突回避者，遵循"你好我就好"的人生宗旨。那些因为真实感受被否定而受到创伤的人，甚至会对自己的真实感受感到困惑，因为他们长期与直觉脱节，不信任自己的直觉。他们不断地让身边的人来定义自己的选择和需求，由于他们真实的自身需求持续得不到满足，怨恨也随之越积越多，最终会导致他们将自己的决策权全部交给身边的人。

父母看不到或听不到你

这种创伤性联结源于父母忽视或忽略了我们需要被看到和被听到的核心需求。这类人会在很小的年纪就认定，保持乖巧和掩饰真性情才有可能被爱，这类人常见于家庭成员的情感处理方式很幼稚（比如，常以冷战作为惩罚）的家庭之中。在这种家庭环境中，爱往往不是稀缺的就是无条件的，身处其中的所有人几乎都会完全压制自己的愿望和需求。这样的家庭环境往往还会培养出固定的行为模式，比如家庭中常发生冷战的人往往也会在自己感到威胁时选择与他人冷战。在这种环境中成长的人倾向于挑选个性张扬的伴侣。我的一位客户就发现自己经常被气场强大、成就不凡的会场焦点型人物所吸引，其根本原因在于她拥有的核心创伤是"我不会被看到，也不被听到"，所以她会选择一个能够让自己继续保持这种核心创伤，回到熟悉的渺小或不被看见的状态的伴侣。然而，这个过程会激活她所有未被看到或未被听到的经历中的不适情绪，进而导致所有这样的情感关系都不可避免地走向失败，因为不久后她就会因为这个当初爱上他的原因而开始怨恨他。

父母想借由你重活一次或想塑造你

当父母直接或间接地表达对我们的信念、愿望和需求时，就会造成真我表达空间的缺失。这种缺失可以表现在很多方面，常常最终导致我们需要依靠外部（伴侣、朋友、人生导师）的意见或反馈来决定自己生活中大大小小的事宜。拥有这种创伤性联结的人总是爱把自己所有事都讲出来，有时一件事还需要与多人进行多次沟通，以厘清他们的真实感受——因为他们长期成长于被告知应该如何感受、思考、行动的环境之中，他们与自己的内在直觉早已完全脱节。通常情况下，他们倾向于不断地寻找朋友或人生导师，或不断地被新想法或某个团体洗脑。

父母爱越界

孩子本能地能够理解界限的存在，即使许多孩子生活在有爱越界的父母的家庭里。有些父母就在要求我们礼貌和乖巧的同时不自觉地越过了我们的界限，让我们去做一些会让自己感到不舒服的事情。这样的经历会推翻和打破我们的直觉和内在的界限，使我们质疑自己的内在讯息。拥有这种创伤性联结的人在成年之后可能会发现，自己在人际关系中不太看重自身的需求，并始终容忍他人的越界行为。随着时间的推移，这种对自身需求的忽视和否定会转化为愤怒或怨恨，即著名夫妻关系治疗师约翰·戈特曼博士归结的情感蔑视，而这正是他经过广泛的研究证明的关系"杀手"[74]。人们会因越界行为感到怨恨，并想知道"为什么被占便宜的总是我？"或"为什么我做了这么多他们却没有一丝感激？"，这是对越界行为的正常反应。拥有这种创伤性联结的人无法理解，导致这种关系的原因是他们长期以来都未能对自己在他人身上投入的时间、精力和情感设限。

父母过分注重外表

许多拥有这种创伤性联结的人都曾从父母那里得到关于自己外表（体重、发型、服饰）的直接和间接的反馈。成年后，他们会养成一种将自己与他人进行比较的习惯，时常观察自己是否在外表层面达到了标准，却不理解情绪健康远比外表更重要。这种对外表评价的依赖会导致我们过分关注自己的对外形象，甚至可能通过否认或有意隐藏自己正在经历的痛苦或困难来维持"完美"的假象。社交媒体软件的普及也加剧了这个情况，大家都争相发布着美图和配文，即使许多人的生活是一团乱麻。

父母无法调节自己的情绪

拥有这种创伤性联结的人，当观察到自己的父母是以爆发或疏离的方式来处理自身情绪时，就会感受到情绪上的无所适从。成年后他们会缺乏适应性情绪应对能力和整体的情绪韧性，许多人会以自己的父母作为模板，复制同样的情绪处理方式：爆发或疏离。具体表现可以是，对他人大喊大叫、在家中暴跳如雷、摔门或与他人疏离。疏离看起来可能只是回避或厌恶冲突，但极端情况是，他们会持续处于自我解离状态。还有一些人会借助外部手段来达到脱节状态，比如使用药物和酒精来麻痹自己、通过浏览社交媒体让自己分心、通过进食让自己镇静。创伤性联结本身就可以是麻醉剂，当他们沉浸其中，就不会再深究自身情感。

请记住以上一般原型，并留意自己的身体在社交时的感觉。我们的情感关系本身就是一个指导系统，能够帮助我们确认自己的心理健康状况。花些时间写下与你关系最密切的人的名字，并在名字下方写下你与他们互动时最常有的感受。你会感到紧张焦虑，还是放松安全？这种思考能够帮助你辨认出你从童年经历中习得的关系模式。

创伤性联结陷阱

许多时候，一段关系中的双方都拥有着各自需要处理的童年创伤后遗症，一起努力生活、感受爱和进步。没有人敢说自己在人际关系方面毫不费力。

我有一位名叫希拉的客户，她是一位执业心理治疗师，她因与丈夫乔舒亚之间的跷跷板式关系来寻求我的帮助。就像所有创伤性联结一样，他们的联结之中同时存在着非常独特与比较普遍的特点。乔舒亚和希拉的关系就展示了个人的问题也往往是普遍的问题。

乔舒亚和希拉是正统的犹太教徒，家庭、仪式和传统对他们两人来说都至关重要。但除了这层共同价值观之外，两人的性格可以说截然不同。儿时，希拉的父母都因特殊情况无法照料她，于是照顾希拉的任务就委托给了希拉的祖母和姑姑。但在希拉内心深处，她极度渴望着父母无法提供的亲情。这种在情感层面上遭受遗弃的经历使希拉觉得自己永远得不到爱，进而形成了讨好型人格——总是需要通过外部验证来证明自己值得被爱。

相比之下，乔舒亚来自一个有八个兄弟姐妹的家庭。他的母亲不善于调节自己的情绪，而且非常以自我为中心，她更加重视自身需求。作为长子，乔舒亚认为他有责任让母亲的情绪保持稳定，以保证家庭正常运转。久而久之，他发现最好的方法就是保持安静，扼杀自己的内在情绪。读到这儿你可能已经猜到，他选择了与自我解离。他的家庭环境外加"男人不应该情绪化"这样的社会主流观念，促使乔舒亚选择通过成功得到他所需要的"爱"。长大后他学了医，被美国最好的医学院录取，成为一名外科医生。

当希拉来找我的时候，乔舒亚已经处于频繁经历身体疼痛的阶段，这种身体上的折磨让他感到脆弱和沮丧，有时甚至会妨碍他的工作。同时，这种情况加剧着他与希拉的关系中那些从一开始就存在的问题。乔舒亚不易为感情所动，在应对压力和冲突时会选择疏离，而这就会让希拉童年在情感上遭到遗弃的伤口再次受到刺激，让希拉感到绝望、恐惧和情感匮乏。乔舒亚在辛苦了一天后疲惫不堪地回到家时，他会选择通过疏远他人和封闭自己的方式来排解压力，而感到情感联结缺失的希拉此时就会将情绪表达出来。

希拉的情感追问就此开始："你怎么了？生气了吗？"

紧接着追问发展成指控："你不爱我！你有外遇了！"

希拉还会因为惊慌失措和深切的孤独感而在行动上穷追不舍，比如一连给乔舒亚打 50 个电话，突然出现在乔舒亚的诊所，向其他家庭成员控诉乔舒亚的行为，等等。唯一能够让希拉感到真正安全的方式是削减双方各自的个人空间。

而乔舒亚这边，为了让自己重新获得安全感，他选择进一步地压抑自己的情绪，并将希拉对于亲密的需要视作威胁，这类似于当年他面对母亲的情感需要时的做法。希拉和乔舒亚的关系就是典型的接近－退缩型相处模式：由于乔舒亚对于自身情感表达的压抑，希拉感到在情感上被遗弃且受到伤害，于是更加接近乔舒亚，以恢复自己的情感安全感。希拉越接近，乔舒亚越退缩，希拉也就越焦虑。双方的需求都没有得到满足，同时对对方的不满也越积越深。这就是创伤性联结的本质：当需求始终无法得到满足，关系"杀手"（怨恨情绪）就会接踵而至。

找到真爱

假如你发现自己目前的情感关系是一种创伤性联结，这并不代表这段关系注定失败，事实上远非如此。你可以将这段关系视作老师，它会勾勒出你一直以来习惯的联结模式，为你标注出改变的方向。幸运的是，联结模式不是不可更改的，和我们到目前为止学到的其他课题一样，一旦你意识到它的存在，改变的过程就启动了。

我不敢说乔舒亚和希拉已经完全解决了感情问题，但现在，他们已经达成了一致意见——接受对方的童年对于现在的亲密关系的影响，并为改善关系而共同努力。当推拉式创伤性联结陷阱再次出现，希拉已经学会了平和地应对，她现在已经能够理解自己的情绪反应，并能通过呼吸练习和冥想来帮助自己与本能反应分离。同时，乔舒亚也开始学会在他想要疏离时表达自己的想法，开始告诉妻子"我感到自己又在解离了"或者"这个情况让我喘不过气"。在外人看来，这可能并不是什么大事，但对于希拉来说，仅仅是听到伴侣口头上对她表达出内心的真实感受，就

　　　　　　　　　　　　　　　　　　自愈力

能帮助她得到更多的情感联结，使她的神经系统从被遗弃的"威胁"之中解脱出来。得到自己渴望的联结使得希拉拥有了足够的安全感，得以练习给乔舒亚留出情感上需要的空间。

我和洛里的关系也始于创伤性联结。离婚后，在我终于决定整装重新出发时，我遇到了她。我很快被洛里的自信所吸引，她看起来极具信念感，这种能量对我来说非常有吸引力。

事实是，看起来再自信、再有安全感的人也会有自己的创伤。洛里也不例外，她和乔舒亚一样，成长于一个高度情绪化的家庭环境之中。她的应对方式是建立回避型依恋关系，因此她向恋爱关系中注入了许多恐惧（"我害怕你会离开我，我也害怕你会留下来"）。有时，她十分投入并充满激情，但矛盾凸显时，她就会选择逃避。这当然极大地激活了我的情绪反应，让我不断地想要向她靠近，早期我们的情感关系非常完整地反映了我孩提时期经受的压力和混乱。在情况不好的时候，我会感觉到所有这些情绪乘着焦虑的浪潮在我体内奔涌，我必须提心吊胆地等待情况再次好转。当时我们都不知道我们的所有行为都在让关系变得更糟，让我们成瘾的是同一辆压力列车，并且我们对自己的压力反应动态一无所知。

洛里一直都是"改变"这个词条的代言人，她从未想过停滞不前，并且相信关系需要不断地进步才能变得茁壮和健康。她想要成长，想要得到更多，而不是安于现状。我也一直在寻求成长，从我新获得的对过去关系模式的认知中学习。

我在家乡费城遇到洛里，当时我与家人的往来恰好越来越多。由于我与家人见面的次数增多，我越来越能够理解许多自己习以为常的情绪反应的源头，不管我是否愿意主动承认。后来洛里也常来我家，随着她与大家相处的时间越来越久，她开始温和地分享她的观察。她注意到，我在见到家人之前会变得焦虑和孤僻；见完之后，还会持续几天的高度紧张状态，时刻准备着进入战斗反应模式，这也让她感到紧张。

一开始我是没有察觉到的，事实上我一开始是抗拒这些结论的。随着我有了更深刻的自我认知和对自我真相的探求能力，我可以清晰明了地看到自己的情绪反应模式。洛里帮助我看到了光明，她没有疏远我或惩罚我，而是成为我生活中积极变化的推动者。

随着我们对自我疗愈课题的深入，我们对成长的渴望也在进一步膨胀。我们承诺每天一起进行自我疗愈的日常活动：一起早睡，一起健身，一起做晨间仪式，一起写日记，一起改善营养搭配，为被添加剂充斥的身体排毒。一开始，所有的认知和改变过程都是充满情绪表达的，我们有时会躺在地板上哭泣（是真的有那样令人难以承受的时刻，我们真的快要被压垮了），但我们的共同努力最终使得疗愈之旅见得成效。即使在那些我不想继续的日子里，我也会因为知道洛里会继续而继续。随着时间的推移，我开始因为自己想要继续而继续。

你要想让一段关系苗壮成长，就不能把它视作一种填补或疗愈父母造成的空洞或创伤的手段。一段健康的关系能给双方都带来成长空间。真爱的本质是双方都给予彼此自由的空间和支持，保证双方都能够充分体会到被看到、被听到，并且拥有完整的自我表达。真爱不会让人拥有过山车般情绪起伏的感觉，它会让人感觉平和，并且打心底里知道双方的表达都出于对彼此的尊重和爱慕。真正的爱让人感到安全，因为它植根于这样的认知：对方并非你的专有财产，他（她）不是可以被拥有的某样东西，不是你的父母，也不是可以修复或疗愈你的人。

　　这确实不是爱情影片中对爱情的描述。真正的爱情并不总是美好的，甚至并不总是浪漫的。当你投身于其中，你不会感受到情绪成瘾的循环被激活，不会感受到因害怕被遗弃或得不到爱和支持时的刺激感觉。真正的爱情是一种踏实感，你不需要为了得到爱而以某种方式表演或掩饰自己的任何品质和行为。你会感到无聊或不安，你会发现自己被其他人所吸引，甚至可能会为失去单身生活而哀悼。有意识的情感关系不像童话，没有"是你让我完整"和"王子和公主从此过上了幸福的生活"的戏码。与到目前为止的所有自我疗愈课题一样，真爱需要双方共同努力，前进的方向就是先认知自己在创伤性联结中的自我欺骗，然后尊重自己的需求。

自我疗愈之旅：认知你的创伤性联结

为了更好地认识你的童年创伤或被压抑的情绪是如何持续影响你和你成年后的人际关系的，请花一些时间反思和记录，可以使用以下适合你的模板。请记得回顾你在第 3 章完成的日记，记下你在孩提时期所经历的创伤。

父母否认你的真实感受

反思并记录当你认为某个人否认你的想法、感觉或经历时你的反应。花一些时间观察自己，探索一下什么样的时刻会触发你的这些感觉，记录下你的反应。你可以使用以下日记模板。

　　今天，当 _____（填入一个你觉得你的真实感受被否定的经历），我觉得 _____，我的反应是 _____。

父母看不到或听不到你

回忆那些导致你至今仍然感觉自己不被承认的经历，并留意成年后你让自己被看到或被听到的方式。例如，你是否发现自己过度拼命地想让他人看到或听到？你是否会深刻地感觉到自己不被承认？你是否觉得自己在人际关系中扮演的角色只是为了方便得到自我验证？你是否曾遮掩部分你认为他人不会认可的想法、感受或自我？成年后你是如何应对不被承认的感觉的？可以使用以下日记模板。

　　今天，当 _____（填入一个你感到自己不被看到、不被听到的时刻），我觉得 _____，我的反应是 _____。

父母想借由你重活一次或想塑造你

观察自己所经历的那些并没有令你感到真正激情或拥有深刻目标的时

刻、人际关系或经历。你是否会感到羞愧、困惑或缺乏满足感？这些感觉反映的往往是我们正在偏离真我的航线。花些时间回想一下你依靠外部影响做出个人判断的种种场景，例如他人表达的愿望、你收到的赞誉或想象中的恐惧（"如果我改变，他们就不会再爱我了"）。

留意你是如何接收和依赖他人反馈的，以及你是如何根据他人对你的评价做出改变的。注意自己如何根据这些外界信息，去表达你认为自己可以被接受的那一部分，压抑你认为不可被接受的另一部分。如果你发现自己仍不确定自己到底是谁，不要担心，因为很多人都是这样的，毕竟从小我们就被告知自己"应该"是谁。可以使用以下日记模板。

今天，我继续以以下方式——＿＿＿＿＿＿＿＿＿＿＿＿＿＿，更多地基于外部因素／为他人而活的考虑做出日常的选择。

今天，我又收到了如下别人对我的评价：＿＿＿＿＿＿＿＿＿。这些信息继续塑造着我的选择。

父母爱越界

花一些时间观察自己与他人（朋友、家人、伴侣）的关系，不要评判，不要批评。以下日记模板可以让你意识到自己在这些关系中的界限，你也可能没有任何界限（我曾经就是这样）。当我们能够觉知更多，我们就可以在如何设定自身界限以及如何回应他人界限的问题上做出新的选择。请记住，这是一种练习，你需要花时间来适应并自信地说出你的界限。

你是否可以自由地说"不"？你是否对这样的做法感到内疚或恐惧？

＿＿＿＿＿＿＿＿＿＿＿＿＿＿＿＿＿＿＿＿＿＿＿＿＿＿＿＿

你觉得自己有能力放松地告知他人自己的界限和你对情况的真实感受吗？

_____

你是否曾经不自觉地试图强迫他人接受你的观点或意见？

_____

父母过分注重外表

花一些时间观察你的人际关系与自己外表之间的关系，同样地，不要评判，不要批评。你对自己外表的感觉可以投射在你与自己和与他人的联结中。你对自己外表的大多数看法都是无意识的，所以了解这些看法将使你能够理解你当前的自我评价并形成新的自我评价。请记住，对自己要有更多的善意和怜悯。你需要做的不是评判，而是保持客观和好奇心。

我对自己外表的感觉是怎样的？_____

我如何向朋友评价我的外表？_____

我将自己的外表与他人比较的频率如何？_____

我如何评价他人的外表？_____

父母无法调节自己的情绪

花一些时间观察作为成人的你是如何调节自己的情绪的。感受这些体验，观察你的应对方式。要特别关注你如何在日常生活中或在生活的许多方面否认某些情绪。你是否总是试图表现得积极主动或想要成为派对的主角？你是否感到自己无法向朋友和伴侣吐露自己的感受？你是否在选择充分表达一些情绪的同时掩饰另一些情绪？可以使用以下日记模板。

当你正在经历强烈的情绪体验时，你选择了如何应对？

_____

当你因自身情绪而感到压力时，你有应对策略吗？你的策略是什么？

_____

当你正在经历强烈的情绪体验时，你如何与周围的人沟通？

_____

在经历了强烈的情绪体验后，你是否会自我安慰，是否会为自己的反应感到羞耻？

_____

今天，我继续以下列方式——_____，来否认自己的情绪。

第 10 章

设定界限是疗愈的关键

　　我的客户苏珊在一个典型的中产阶级家庭中长大，她的家训是"家庭就是一切"（这和我的家庭很相似）。在她早期的心理治疗过程中，苏珊将自己的家庭理想化了，谈论的内容大多是她的父母为她提供了充分的支持和爱。至于她所感到的失落感和不满足，她说："我不知道我为什么会这样，我想要的一切我都已经拥有了。"苏珊的父母婚姻稳定，他们从不缺席学校活动，对她也都是疼爱有加。

　　苏珊会理想化她的母亲，近乎到了崇拜的程度。当她第一次听到"寻找内在小孩"的课题时，她不屑一顾，认为这是胡扯。苏珊对于直面创伤的恐惧引发了一种对家庭的过度美化，在讨论她的过去时，她会忽略所有不适感。当她终于更诚实地观察自己，一幅更具批判性的画像浮现出来了。她的母亲总是很霸道，控制欲很强。这对孩提时期的她造成了很多无意识的影响，母亲希望苏珊能过上她自己永远无法拥有的生活。但凡苏珊想要离开这个她一直依赖的温床，这种控制就会更加强烈。母亲每天都会给苏珊打好几个电话，如果苏珊没接或者没能快速回电，母亲就会表达不满，并将内疚感当作武器惩罚苏珊。

真正让苏珊感到烦恼的事情是母亲总会突然出现在她家，并期待苏珊能立马为她放下手头的一切事情。这让苏珊感到极度愤怒，并记起了童年的星星点点：母亲会闯进她的房间，读她的日记。然而苏珊从来没有抱怨过，即使母亲在那之后还有更明显的越界行为。苏珊符合守护者的内在小孩原型，她总是试图安抚母亲。在生活中，苏珊一直在扮演着母亲的角色，为其他所有人提供着耐心和无限的爱，而这是她在与母亲的情感互动中缺失的。

有趣的是，苏珊真正开始自己的疗愈之旅，已是多年后她感觉自己彻底无法与他人联结的时候。如她所说，她经常感到自己是朋友们的"擦鞋垫"，是身边的人所有压力和问题的垃圾桶（这个过程被我称为情绪发泄，我们将在后文进一步讨论）。有一个朋友滥用了苏珊的顺从和耐心，每当她在恋爱关系中面对危机时就会打电话给苏珊求助，情况总是十分混乱。这个朋友会毫无顾忌地在半夜打电话给苏珊发泄——尽管苏珊认为这样做不对，但她还是会接听。仅仅是拒绝接朋友电话的这个想法就能让她感到生理不适，让她充满了内疚和羞耻感。她认为朋友需要她。

苏珊总是那个"好朋友""好人""永远在那里的人"。这是他人对她的评价，她也陷入了以此为行动信条的状态。她总是会接听电话，将时间和情感倾注给不懂回报的人。这样的人际关系让苏珊精疲力竭，并且一直以来她也感到这样的互动是单方面的、不公平的，甚至是肤浅的，但她依然随叫随到。她的朋友中有真正了解她的人吗？她经常在面诊过程中哭泣，她会问我："我能找到真正关心我的人吗？"

　　　　　　　　　　　　　　　　　　　　　自愈力

随着时间的推移，与母亲之间的关系也在不断给苏珊带来压力，她意识到母亲让她感到不安全。她觉得自己无法自由地表达自己的真实感受，因为一直以来她都为了迎合母亲的愿望而忽略了自己的欲求。她并不想频繁地去看望母亲，但是出于内疚、羞耻和恐惧，她还是会这样做，就像她总是在朋友需要她的时候接听电话一样，她在取悦他人的过程中实现自己的身份认同。由于苏珊没有设定界限来保护自己，她不断地为他人付出，进而失去了与真实自我的所有联结。

纠缠

许多人第一次了解到界限的概念时，会觉得眼前一亮。界限是将你（你的思想、信念、需求、情绪、身体和情感空间）与他人隔开的明确限制，是发展和维持真正关系的必要条件。拥有设定明确的界限并长期坚持个人界限的能力对我们的身心健康至关重要。

如果个体在孩提时期未能设定界限，那么在成人后他往往也很难设定界限。如果我们在孩提时期未能拥有足够空间来表达我们的个性——不同的情绪、不同的意见、不同的见解，或是我们被要求认同家庭的群体思维，我们就没有机会表达真实的自我。有些父母会因为自己的生活经历和相关的情感创伤，不自觉地将孩子视作满足自己需求的一种方式。（这可能表现为向孩子倾诉不适合他们年纪的事，或把孩子当作"最知心的朋友"。）

在这种相处模式中，情感的界限变得模糊，因为家庭中没有人能够拥有充分发展自主性或真实自我表达能力的空间，这就是所谓的"纠缠"。在纠缠状态下，成员之间完全没有可分离性——父母式人物对孩子的生活干涉过多；个体情绪一旦被激活就会蔓延到整个家庭；任何成员都不能与外人共度空闲时光，甚至会因此受到惩罚。尽管家庭成员之间会保持持续性的联系，但这是因为不这么做就会触发恐惧和情绪反应的开关。父母害怕无法掌控孩子，孩子害怕被家庭排斥——在这种相处模式之中没有真正的联结，没有灵魂的相契，因为已经没有人能够真正地保有完全的自我。通常，处于纠缠状态之中的人会感觉到与家庭成员之间那种不真实的亲近感和亲密感。高度紧张的情绪将每个成员联结在一起，界限的缺失使得成员拥有共同的现实。这种关系中不存在因真正的亲密而产生的真实情感联结，真正的亲密应该是双方都保有明确界限和持有不同见解的自由。

从苏珊的例子我们可以看到，纠缠状态带来的童年创伤可以塑造我们在成人后与他人交往的方式（即创伤性联结），因为我们已经习惯于遵循外部声音而非内在声音的指引，因为我们与自我的联结已经不能让我们感到安全，并且我们还学会主动否定自己的需求或不清楚自己的需求，更不用说如何将自身需求清晰向他人表达了。于是，我们就寄希望于他人来帮助我们划定界限。苏珊是一个在纠缠环境中成长的典型，她是一个习惯于讨好他人的人，她会不求回报地牺牲自己情感、心理和精神上的幸福，因为这就是她在孩提时期得到爱的必要条件。随着时间的推移，无价值感、难过和抑郁的感受会时常涌现，并且，当核心需求长时间得不到满足时，我们可能会变得愤怒和愤慨。所有这些情绪加上产生放弃他人的念头时涌现的羞耻感和恐惧，使我们在情绪上成瘾并陷入恶性循环。

自愈力

我们应该知道，真正的亲密关系表现为设有明确界限的共享。当我们学会了如何设定界限，双方就能保有真我的空间。

什么是界限

界限体现在前文提及的所有疗愈课题之中。我不愿意从本书中挑出什么"最重要的"概念，但要说有什么内容是我希望读者能在阅读本书的过程中时刻记在大脑中的，我真心希望是这一章节。界限会保护你，让你体验身心平衡，并帮助你与直觉自我相通，这对体验真爱至关重要。

界限是每一段关系的必要基础，更是你与自我实现联结的基础。界限可以帮助你抵挡不恰当、不可接受、不真实或不需要的感受。当我们建立了合适的界限，我们就可以更有安全感地表达真实的愿望和需求，我们能够更好地调节我们的自主神经系统反应（因为建立了能够让我们感到安全的界限，我们就可以全心投入社会参与模式）。此外，我们也不必再经受因否认自身基本需求而带来的怨恨感。界限是必不可少的，同时也可能让人恐惧，尤其是当我们成长于一个不存在界限或界限不断被侵犯的家庭之中时。

大多数人从未学会如何说"不"，结果却对太多的事情说了"是"，满足了过多的要求，直到到达了那个必须要说"不"的临界点。事后，我们又常常因自己态度的突然转变而感到内疚和羞愧。然后我们就会道歉，再次挥别自己想要说"不"的真实需求，或者对事情进行过度解释。如果你在上述描述中看到了自己，那么学习设定界限很可能能够帮助你更好地生活。

设定界限的第一个障碍是理解"好人"的概念，这个词理应被质疑和重新评估。自信心专家阿齐兹·加齐普拉博士在《不友善》一书中写道："老好人人格的形成总是基于下列错误的观念：如果我取悦了他人，他人就会喜欢我、爱我，用赞许和其他一切我渴求的方式来对待我。"[75] 他把这种观点称为"老好人的思维陷阱"，其本质是一种渴求被重视的强迫症。现实情况是，不做老好人（即忠于真实的自我）能让我们坚定自己的价值。不做老好人不代表待人刻薄、傲慢或不体贴，而是理解自己的需求和界限，并基于此与他人进行互动。学会说"不"，学会适时地拒绝，是重新找回自我的重要一步，同时这往往也是你能为自己和你爱的人做的最好的事。

尽管许多人需要克服的问题是界限的疏漏或界限的缺失，但事实上也不乏有人存在另一种极端情况：建立过于僵化的界限。这些人不允许自己与外界有任何联结，他们为尝试越界者设定了严格的行为规则，用压抑情感的方式筑成了一道将自己隔离起来的高墙，与他人保持距离。如果个体的界限在孩提时期被一个最亲近的依恋人物反复侵犯，那么他很可能在成年后的大多数关系中都继续感到不安。对于一些人来说，我们筑成的高墙就是在经历了纠缠状态的孩提时期后的一种自我保护方式。当我们出于自我保护让自己退缩至安全区域，我们就消除了自己自由和自发地与他人进行联结的可能性。一方面，这可以帮助我们掌控局面，并让我们感到更加安全。但另一方面，这会压抑自我直觉的声音，最终使我们和那些完全没有界限的人一样，陷入孤独、不真实的境地。

花一些时间观察自己的生活，并借助以下描述进行自我诊断，识别你当前的界限类型：

僵化型

- 基本没有亲密／亲近关系
- 长期害怕被拒绝
- 总体来说难以向别人寻求帮助
- 完全不与他人谈论私人话题

放任型

- 强迫性地取悦他人
- 通过他人的观点和评价来定义自我价值
- 通常情况下无法说"不"
- 经常过度地谈论私人话题
- 是别人眼中的专业问题解决者／助人者／救星／安全员

弹性型

- 理解并重视自己的想法、观点和信念
- 懂得如何与他人沟通自身需求
- 能适当地分享私人信息
- 始终能够在有需要的时候说"不"，并能够接受他人对自己说"不"
- 有情绪调节能力，允许他人表达感受

关于界限，最关键的是：界限不是为了他人而设，而是为了你自己。界限不是针对他人的行事准则下的最后通牒。最后通牒是针对他人行为所做的后果声明，而界限更多的是一种为了让自身需求得到直接满足而设下的限制，此时他人的反应是次要的。设定界限时很重要的一点是，在保有自己的界限的同时，允许并尊重他人也拥有限制和界限。

当我们的需求没有得到满足或被主动侵犯时，我们不应该期望他人做出合乎自身要求的改变，而应该思考：我需要做什么以确保我的需求得到更好的满足？

界限的类型

由于界限适用于身心方面的多种人类体验，因此我们需要设定不同的界限以适应不同的体验。

首先是身体界限。

放任型身体界限会导致个人对自身外在形象的过度关注——认为你的价值来源于你的外在、你的身体表达，以及你在他人眼中的性吸引力。此外还有另一种极端——几乎完全不在意自己的身体，成为一缕不需要与身体有任何联结的飘浮的意识，完全与身体需求脱节。如果我们将身体界限设定得过于僵化，我们可能会觉得被自己的身体压制，想要克制或禁锢自己的感官体验，压抑自己的需求和性欲。

尊重身体的愿望和需求，这就像描绘你的个人空间和你喜欢的身体接触水平。它可以包括，为你愿意和不愿意讨论的内容设定界限（例如思考你对关于你的身体或性特征的口头评论的真实感受），以及认识并满足自身的自我关怀需求（例如保证你需要的睡眠时间、饮食结构和运动方式）。

第二种界限是资源界限。

当我们太容易与他人保持联结，我们就会像苏珊对待她的朋友那样随叫随到。那些基本没有资源界限的人会选择无休止地付出，极度慷慨，导致他们与朋友、伙伴和家人的交流不平等，并使得他们自己也陷入心力交瘁的状态。这种付出和给予通常基于一种信念："既然只要这么做就能够得到更多的爱，我就更应该无限付出自己的时间了。"然而这并不是现实，时间是我们最宝贵的资源之一。我所遇到的大多数在建立资源界限上有困难的人，当被要求将时间或精力投入他们并不真正关心的事情上时，他们仍然无法说"不"。

此外还有另一极端，即在资源界限的设定上过于僵化的人，他们可能会每天都坚持一个计划好的时间表（例如在每天的同一时间去健身房），而不理会外部和内在状况的变化。即使是面对家庭的紧急状况，那些资源界限僵化的人也会选择继续落实他们的活动计划，无论他们遇到多么紧急或糟糕的状况。我曾经就有这种僵化的规划习惯，我甚至会煞费苦心地琢磨应该如何安排看电视的时间。最终，缺乏灵活性的资源安排可能会导致更多的限制，并且不能满足真实自我的不同需求。

最后是心理／情感的界限。

这在处于纠缠状态的家庭中是经常被侵犯的一种界限。当我们拥有放任型心理／情感界限，我们就会觉得自己要对他人的心理／情感状态负全责，我们的内心会有拯救他人或让所有人都满意的需求。实际上，我们不可能全天候保证让另一个人满意，所以这种无界限感最终常常会损害我们自己，让我们感到疲惫不堪。不停地专注于满足他人无法实现的需求，最终将使我们忽视自身需求。

　　成长于纠缠状态的家庭之中可能会使得我们形成放任型心理/情感界限，从而导致我们更加倾向于采用群体思维。当家庭把我们的想法和信念概念化，尤其是当我们成长于一个宗教家庭中时，这种群体思维最为常见。（因为家庭成员都需要遵循同样的处事规则和信仰。）所有的家庭成员，无论直接还是间接，都是因为对被排斥的恐惧，而选择了同样的想法和信念。

　　心理/情感界限过于僵化的人往往对他人的世界观完全没有兴趣。如果我们固执地坚持自己的信仰或情感，我们就会与周围的人格格不入，使真正的联结变得不可能实现。因为戒备心挤压的是让心灵相遇的空间，所以最终我们会成为一座孤岛。但需要补充的是，这种极端的僵化并不常见，不过它仍可以通过一些行为细节体现出来，比如当我们坚持索要我们并不真正想要的某样东西时。

　　心理/情感界限使我们能够把自我和情感世界分开，同时允许他人拥有自己的情感世界。当这些界限完整且坚固，我们就有能力更轻易地聆听内在直觉的声音，并更好地调节自身情绪状态。在这个情感安全的状态之下，我们就可以更自在地与他人分享自己的想法、意见和信念，并且不会认为自己必须一直取悦或迎合他人。

情绪发泄和过度分享

　　在我的线上自我疗愈者社群中，有许多人存在过度分享的问题。许多人从来没有拥有过自己的隐私空间，特别是在他们还有一个爱侵犯自己隐私的纠缠型父母的情况下。这种父母往往还以过度分享为荣，要求我们详尽地向他们吐露关于自己的所有事，或者在我们不适当的年纪就向我们分享过多的成人信息。我听过很多关于母女之间有"绝世最佳友谊"的故事，故事基本都从孩子在过小的年纪就接收不适当的信息开始。奥利维亚就是这样一位受过度分享的强迫性行为困扰的自我疗愈者，她与母亲的这种相处模式始于她年仅 6 岁的时候。母亲告诉她，她的父亲常在脱衣舞俱乐部与人厮混，直到母亲的朋友过去才把她父亲拽走。这对于这个年纪的小孩来说信息量过于庞大，她母亲这种无界限的分享习惯使得成年后的奥利维亚采取了同样的方式与他人相处，她注意到她经常在自己经受压力或不适时过度分享——即使已经感觉到对方有些不适，她也还是会说个不停。这是一种自动的反应，有时在这样的场景下，她会说出一些事后会让自己后悔的话。

对自身内在世界设定界限对我们是有益的，它可以帮助我们养成在对话中留出沉默时刻的能力，而不是一直急于用脑中随意奔走的念头来填补沉默。对于一些话题，我们可以选择对他人保密。当我们设定了合适的界限，我们就可以自由选择疏解情绪能量的时间和对象。选择是至关重要的，这体现的是你完全理解自身的想法、感受和信念都属于自己，以及理解你拥有决定是否要与所有人分享或一律保留的权利。

毫无心理／情感界限的另一个常见结果是情绪发泄，即将情绪问题完全地发泄给外人，完全不体谅他们当下的情绪状态。我敢肯定，生活中你身边至少有一个这样的人（也许就是你自己）。有些人称它为"宣泄"（venting），但这是不准确的。宣泄具有积极的意义，它围绕着单一的主题，有助于压力的释放，并且往往导向一个有效用的结果。与之相反，发泄（dumping）表现为消极、循环和强迫性的想法表露。有情绪发泄倾向的人往往会陷入情绪成瘾的怪圈，即使没有外界因素的影响，他们自身的高度情绪化的状态也会强化这种动态。与他人分享并寻求他人的帮助和指导是人类的本能，这往往也能在情感层面上对个体有所助益。但情绪发泄不同于求助，它是一种重复且强迫性的情绪应对策略，完全不给他人的需求留有余地，更不用说他人的建议了。情绪发泄的基础是双方均未设定界限：宣泄者拥有放任型心理／情绪界限，而接收者（如果他们能够发现自己经常处于这种情况下）也没有设定充分的界限，无法终结这种发泄。

有时，进行情绪发泄的人是为了逃避一种他们认为无法独自承受的情绪。然而，将负面的情绪能量倾泻到另一个人身上的结果也可能是有害的。有的时候，情绪发泄可能会让人觉得更像是一种惩罚：当发泄者得知接收者生活中正在发生一件好事时，发泄者仍然会继续倾诉不幸。（比如当你与朋友分享工作晋升或最近度假的愉快心情时，他们立马将话题引回自己的家事，甚至谈论起你与你的配偶的问题。）虽然这样的分享过程可能会让人感觉极具攻击性甚至是杀伤力，但发泄者并不一定是故意的。通常，发泄者只有在讨论让自己感到压抑的话题时，或者说处于熟悉的神经稳态时才会感到舒适。当面对陌生的主动反馈时，他们会不自觉地将对话转回让他们的身体系统感到更加熟悉、自在的（尽管充满更加令人痛苦的事实）话题上去。

情绪发泄不一定是单方面的，人际关系完全可以围绕着情绪发泄进行联结。例如两个人可能会因为共有的痛苦离婚经历而

自愈力

建立这种关系，因为他们有关于伴侣的可怕的生活细节的共同话题，即使他们的婚姻在几年前就结束了。这种关系的基础就是，双方同时被锁定在自主神经被持续激活的情绪成瘾循环之中。

如何设定界限

通过界限改善身心状态的第一步是定义界限——审视自己的生活，留心自己在哪一方面缺乏界限。如果你发现自己在生活中根本没有设定任何界限，你可能就很难决定要先在哪个方面设定界限。这种情况实际上非常普遍，你可以多留心生活中的人和事。当你想到要和大学时的朋友一起吃饭时，你的感觉如何？你会不会感到胸口发闷？你会有怨恨的感觉吗？见面的时候，你是感觉到开放、自在，能学到很多，还是感到心力耗尽、拘谨和受限？结束之后你是很想再见到她，还是已经在想如何躲避她的下一个电话？

界限让我们能够听到直觉的声音。（胸口发闷是一个重要的线索！）请务必留意你在设定界限后产生的真实感觉。请记住，当我们开始观察自身的感觉时，我们就抛开了逻辑对我们的影响，会更多地注意到某事或某人带给我们的感受。

当你开始注意观察你的身体感受，开始评估目前自己需要在哪些方面设定界限，以使自己能够在人际交往中感到安全，你可以尝试下文的步骤。如果你成长于纠缠型环境中，可以试着避免去想自己的行为对他人造成的影响（比如，"如果我取消我们的计划，珍妮特会有什么感觉？"）。建立界限的目标是回收属于你自己的能量，并且弄清什么样的状态会让你感觉更快乐、更安全、更舒适。花几天时间仔细审视自己的人际关系，确定并列出最常被跨越的界限，这将帮助你设定界限。

以下是一些越界行为的典型例子：

- **身体上**：你的母亲拿其他女人的体重开玩笑

  想要的改变：你希望她停止
- **心理 / 情感上**：一个朋友经常情绪化地向你讲述她前男友
  的故事

  想要的改变：你想要一个更平等互利的关系
- **资源上**：一个同事坚持每天都要和你一起吃午饭

  想要的改变：你想要更多独处的时间

现在，你已经找到了需要设定界限的生活场景，并确定了通过设定界限要实现的预期目标，是时候了解该如何设定界限了。

显然，根据你想设定的界限的不同，将会有不同的建立方式，但第一步都是明确理解你的界限。当你明了你将要设定的界限的含义，你就向与自己的成功相处（和人际关系的成功经营）又迈进了一步。

为自己设定一个动机，这能帮助你明确设定界限的主因，例如：我想让这段关系继续下去，因为我在意我们的友谊。不一定要向这段关系中的另一方说明你的动机，但请让自己清晰明了。如果你还是想向对方阐明你之所以选择设定界限的原因，那么你也可以说："因为我是真心地在意你，所以我不得不在我们的沟通方式上做些改变。"

当你陈述你的界限时，尽可能使用客观的语言。你应该将重点放在事实上："如果有人半夜打电话，而我已经睡着了，我就不会接听。"尽量避免使用含有"你"的语句，因为这会激活对方的自我防御。尽量保持自信和尊重（尽管这通常很难）。提醒自己错不在你，你是在尊重自己和这段关系。为了帮助你开展行动，以下是一个设定界限的对话模板，你可以根据自己的需求进行调整：

> 我正在做一些改变，以便（讲述设定新界限的动机），希望你能理解这对我很重要。我能想象（讲述你对对方越界行为的理解）。当你（说明对方不妥的行为）时，我经常会感到（说明你的感受），我也明白可能你只是无意。今后，（说明你希望或不希望再发生的事情）。如果（指出原来不妥的行为）再次发生，我会（说明你为了满足自己的需求将做出的不同的反应）。

请记住，时机是沟通界限问题的关键，尽可能选择一个双方情绪都比较稳定的时段。当我们处于应激状态时，我们就不容易接受任何具有挑战性的东西。（毕竟当我们的迷走神经被激活时，就连我们的中耳肌肉也会关闭。）所以请尽你所能找到双方情绪都比较稳定的时段，再向对方说明自己设定的新界限。

当你已经在考虑设定新的界限时，要更多地去思考你将如何在未来坚持以新的方式回应让你感到不适的行为，而不是沉浸于思考对方对你设定界限这个行为会有什么感受。事实上，许多界限在向对方说明之前就先被我们放弃，因为我们自己会先设想这个界限可能对他人造成的伤害，或者他们可能的回击对我们造成的伤害。这有可能让我们先一步泄了气，告诉自己这是忘恩负义或自私的行为，并开始自责。如果我们跳过了先前的疗愈课题（找回神经系统的稳态平衡，承认内在小孩的伤口，了解创伤性联结的形成），这些自责的感觉就很容易阻止我们的身心采取协调一致的行动，进而导致有问题的人际关系的继续和加强。

有时，就界限进行积极的对话是不现实的，这时你也可以在不需要先发制人的情况下与对方沟通你的新界限，这尤其适用于那些不很亲密的关系，比如和同事吃午饭。以下是一些对话模板，只需一句话就能设定界限。

- "我也想，但现在不方便。"
- "我不太舒服。"
- "这对我来说不太行。"
- "哇，谢谢你的提议/邀请！不过现在我不方便。"
- "我再想想，等我消息。"

以我自身的经验来说，设定界限就是从工作领域开始的。因为我觉得通过电子邮件对陌生人说"不"比对我的伴侣或家庭成员说"不"更安全。我选择从某些日常活动（例如浏览社交媒体）或结交某些人时所花费的情绪能量方面开始，先进行时间界限的设定。

我的建议是从小目标开始，尤其是当你刚刚开始学习这个课题时。你可以在不太重要的场合或情绪压力较少的环境中练习，例如与同事共进午餐的场景就是一个很好的选择，因为你不会有过多的过往或包袱的牵绊，你们之间的关系相较之下更加随意。

自愈力

你可以在这样的场景下好好练习设定界限的步骤，养成能够自如说"不"的习惯。你成功的次数越多，你的自我感觉就会越好。时间久了，你就会理解，设定界限的结果有且仅有两种：对方被冒犯和相反的情况。结果果真会那么糟糕吗？相信我，在行动中你会发现，结果往往不会那么糟。

请相信，我们在设定界限时要应对的不适感，将使我们免于应对未来多年的愤怒和怨恨。设定界限之后的关系可能和之前会完全不一样，这样的关系是更强大、更诚实并且更加可持续的。将界限看作一种服务性行为，毕竟界限对于所有健康关系来说都至关重要。

第三步看似简单，但通常也是最难的一步：坚守你的新界限。一旦你设定了一个界限，重要的是要时刻记住这个界限并保持冷静，不管他人如何反应，你都要学会抑制住为自己辩护或过度解释的冲动。你可能会因为某人或更大的人际单位（你的家庭、工作圈等）的反应而感到压力，但重要的是，一旦你设定了一个界限，请坚守它。

当你开始主动调整自己的人际关系时，那些已经与你维系了长时间关系的人，往往会对你抱有更多固定的期待。你需要接受的是，你所设定的界限极有可能会打破对方对你的印象，有时你的行为会让他们感到出乎意料。更重要的是，当对方有着尚未正确解决的因被遗弃的经历而形成的童年创伤时，他们就很可能会做出防御性甚至攻击性回应。

坚守自己的界限这个步骤，在很多情况下，会要求你学会直面内心的声音（那些自责的声音），这些声音偷偷地告诉你："我没有权利设定界限，我是自私的、粗鲁的、刻薄的。"请试着让它们安静下来。当你已经设定了界限并在尽力坚守时，你可能会遭遇困惑、阻力、尖酸刻薄的言语（比如"你变了"），甚至是愤怒。同时，你很可能会感到恐惧和怀疑，并因此被拉回熟悉的环境中（因为那令人头痛的内稳态倾向）。一旦你做好决定，尊重和坚守自己的选择，得到了更多的安全感，就不要回头。假如你真心地需要和渴求改变，就不要让自己重回旧的制约中去。如果你设定了一个界限，而后在对方向你发怒时选择后退，那只会强化那个人跨越你的界限的能力，这是典型的负强化。这会导致每次他感到自己在你们的关系中遇到阻碍时，他就会继续发怒，并抱持着"只要我拼命大喊大叫，一切就会恢复正常"的错误观念。

期望和共情

期望你听她讲闲话的母亲，期望你每天和他／她一起吃午饭的同事，期望你在他／她需要进行情绪发泄时接电话的朋友，当他们的期望（以及他们所认为的需求）得不到满足时，他们都可能感到失望、沮丧或生气。但这真的都没关系。

你的界限为他们提供的不是期望，而是一个选择。他们可以选择在面对你设定好的界限时继续原来的交往方式，他们也可以选择尊重你的界限（通常是淡化你在他们生活中的存在或支持性角色），并以一种新的方式继续与你交往。这就是设定界限的好处，你让他们拥有了选择的机会。

请记住，期望是双向的。通常，在设定界限的内在调整过程中就会涉及确认自我期望的步骤，并辨识对方有能力和没有能力达成的事。重要的事情还有：你需要接受许多人都不会改变的事实，至少不会立刻改变，还有些人可能永远都不会。有时，你可以利用过去的经验，来帮助自己想象他人对界限的可能反应。比如，如果你有一个一直以来都毫无顾忌地侵犯你隐私的母亲，你可能会选择在设定界限时做出某种程度上的妥协，因为你的母亲极有可能不会改变她的做法。在这种情况下，重要的是确定你内心的绝对极限，把它视作你的底线，绝不妥协。你还可能发现，你完全可以转变内心的期望，让其他人根据自己的局限性、能力和意识觉知水平进行更彻底和灵活的改变。当我们察觉到一段关系不可能有更加灵活的处理方式时，我们可能就不得不让自己完全从这段关系中抽离，这意味着最极端的一种界限：绝交。

当我们开始练习自我疗愈，并对自己的习惯性模式有更多的了解时，我们同样也能够从更全面的角度观察他人。当我们到达了这一步，我们常常会发现自己会对关系中的另一方，甚至是那些我们选择与之断绝联系的人产生同情。回到前面提到的那个经常拿其他女性的体重开玩笑的母亲的例子，同为自我疗愈者的佐伊的母亲就是这样的。由于佐伊自己就有体重方面的问题，这导致她在很长一段时间里以为母亲是在暗示她。在她开始自我疗愈后不久，我让她思考："是什么原因让你母亲对偏胖的女性有如此反应？"她退了一步想了想，眼中闪现了一道光。"我父亲是因为一个偏胖的女性而离开我的母亲的。"过了片刻她继续说道，"我父亲的不忠行为激活了母亲核心的因被遗弃而形成的童年创伤，这道创伤始于外公在母亲小时候的突然离世。"

忽然间，母亲的那些笑话就不再关乎佐伊的体重，而是一个深受创伤的孩子在突然失去父亲后的一种情绪表达。尽管佐伊依然避免加入母亲关于她人体重的谈话（她设定了一个新的界限：当母亲开始谈及体重问题时就结束对话），但现在她对母亲感到同情，并且想要爱护母亲内在那个不被爱、没有价值感，以至于需要通过贬低他人来让自己感觉更好的内在小孩。当我们理解他人的局限，当我们在曾经感到残酷的事情中看到了他人的痛苦和恐惧，这本身就是疗愈。

终极界限

设定界限是自我疗愈过程的必然需求。这不是因为既然要在身心上下功夫，就必须在人际关系方面做出调整，而是因为，当我们开始探索过去和现在的自己时，我们对自我保护的需求会自然地越发强烈。

最开始，我选择先观察自己在朋友和同事身边时的内心感受：当我看到这个人发来的短信，我内心没有一丝波动；或者当我和那个人共进午餐后，我觉得心力交瘁。于是，我开始在让我有这种感觉的关系上减少自己花费的时间。我也注意到了我对他人界限的冒犯对他人造成的影响。我有一个朋友，我经常会对她进行情绪发泄，不停唠叨我生活中的戏剧性场面或问题，我对她的了解与她对我的了解完全是不同量级。观察到真实的自己的感觉并不好，但这对挽救我们的关系却大有裨益。时至今日，我们仍然是朋友，因为我一直在主动地努力改善我们的关系。

随着我的界限设定之旅逐步展开，我最终还是来到了纠缠状态下的原生家庭。这需要时间，我已经准备好问自己："我和我的家人之间还可以创造出健康的相处模式吗？"

一切都可以从食物开始。在意大利的大家庭中，用餐总是维系感情的一个重要场合，也是表达爱意的方式。如果你不多吃一碗，就会有罪恶感；如果你因为注意营养均衡而拒绝吃某道菜，就会收到不以为然的眼神。当洛里和我决定开始彻底改变我们的营养结构时，我决定与家人设定食物方面的新界限：我要拒绝所有我不想吃的东西，就算家人硬塞给我，我也要坚定立场。我不会期望他人改变他们的饮食习惯来迎合我，或特意为我另做一桌饭菜，但我为我的新选择而自豪。

　　然后，是与家人相处时间的界限，我同样使用了应对职场关系的那套方法。我为假期的自己设定时间目标：平安夜我只和家人待两个小时，圣诞日的晚餐我不会去。当父母打电话邀请我时，我会有意识地花一两分钟时间调整自己再给他们回电话。

　　不可避免地，短信和电话还是会接连而来。"你好吗？没事吧？"

　　"我很好。"我会回答，"我只是需要一些空间。"

　　几天后，疯狂的电话和短信会再次袭来。相应地，我设定了一个界限：在我真的想回复之前，我不会回电话或回短信。通过承认自己的真实想法，我开始能够将自己与家庭的纠缠状态分离，我开始拥有自己的愿望、需求和欲求，他们不必和我一样。

　　之后，我又与姐姐商定了一个界限，这对我来说更难，因为在家里，我和她的关系最亲近。我们的新界限有关我们原先完全围绕着母亲的相处模式：我们总讨论母亲吃的药、母亲看医生的情况、母亲的心理健康。我决定首先限定我陪母亲看病的时间，然后限定我们的电话内容：不要再围绕着母亲进行长达几小时的聊天。这执行起来并不容易。传递这个新的（也是意料之外的）

拒绝信号，让我的内在小孩猛然一震，她的惯常模式与我的核心身份紧密相连。我脑海中不断地出现让我放弃这个界限的声音，理由就是"我是个坏女儿／妹妹／阿姨"。我知道我所做的事在根本上只是为了维护我们之间的关系，如果我不这么做，一切都会维持原样。

当时，我的家人认为没有任何改变的必要，还说我是个自私的人。姐姐还尖声地说："你不能这样对我！"母亲让我感到愧疚，父亲训斥我。我向姐姐吐露过，我认为自己一直以来在情感上和母亲非常疏远，而她将我的真实想法转告了全家人。对我来说，姐姐的行为切断了我们之间的信任和联结，我选择不再向她倾诉任何事情。

要兼顾自己与家庭成员的身心疗愈非常困难。我开始问自己，如果我继续维持与家人关系的原状，对我的自我疗愈会有怎样不好的影响？最终我得出结论：影响太大了，我会心力交瘁，没有成就感，并且内心极度愤懑。于是，我决定设定一个终极界限：与他们彻底绝交。这是我的内在小孩的决定，她对这个决定点头认可，于是我可以抽出时间和空间，选择离开，做出对自己有利的选择，即使是以"牺牲他人"为代价。有生以来第一次，我真实地为自己而存在，同时学会了真实地面对他人。

这个终极界限，于极度痛苦的思考过程之后诞生。它彻底重新定位了我的生活，促使我找到了让我真正有归属感的社群和一个新的家庭，也将驱使我走上寻找自己的使命以及精神上真正向往的人生道路。

　　　　　　　　　　　　　　　　　自愈力

自我疗愈之旅：创造一个新的界限

第一步：定义界限

查看以下适用于所有关系的不同的界限类型，花一些时间观察自己在不同类型的关系（例如与来往频繁的朋友、家人、同事、伴侣之间的关系）中的表现。进一步体会你与他们的关系模式将帮助你更好地识别在这些关系中最持久（或最缺乏）的界限。

- **身体界限**
  - 对你来说最舒适的个人空间、身体接触程度等，以及你认为适合进行身体接触的时机
  - 他人对你的外表或性征发表口头评价时你的整体内在感受（舒适度）
  - 当你与他人（包括朋友、伴侣、同事等）分享你的个人空间（公寓、卧室、办公室等）或私人密码时，你的整体内在感受（舒适度）
- **心理／情感界限**
  - 当你与他人分享自己的想法、意见和信念，而又不强求他们与你保持一致时，你的整体内在感受（舒适度）
  - 你有能力选择性地与他人适当分享自己的想法、意见和信念，而觉得没有必要过度表达或坚持
- **资源界限**
  - 你有能力选择在哪些方面如何使用你的时间，能够避免任何倾向于取悦他人的行为，等等，并且允许他人有同样的选择权利
  - 你有能力说服自己不再为他人的情绪承担责任，避免扮演问题解

决者，也不存在让他人为你的情绪负责的倾向

• 你有能力限制自己对他人（或反向）进行情绪发泄的时间

花一些时间确定你的哪些界限最常被跨越。如果你无法确定，也没有关系，许多人在此之前从未听闻过"界限"这个概念，当然很难知道自己是否设置了界限。如果你无法确定，你需要先花一些时间来观察自己在生活中的所有方面已有或缺少的界限。你可能会发现自己在大多数关系中已经设定并坚守着类似的界限，或者发现整体上来说你缺失了部分界限，或者发现自己在不同关系中的界限类型会有所不同。比如，你也许有能力对工作伙伴和朋友设定界限，却难以对伴侣设定界限，或者无法按照自己的真实意愿在某个家庭成员或伴侣向你提出需求时说"不"。

开始之前，请确定你想在哪些方面看到转变。为了帮助你做到这一点，可以使用以下模板：

当 _____，我会感到身体不适 / 不安全。

为了让我在身体上感到更舒适 / 安全，我 _____。

例子：

当我的同事（叔叔、朋友等）不停地拿我的外表开玩笑，我会感到身体不适 / 不安全。

为了让我在身体上感到更舒适 / 安全，我会避免与开这种玩笑的人往来。

当 _____，我会感到心理 / 情感不适 / 不安全。

为了让我在心理 / 情感上感到更舒适 / 安全，我 _____。

例子:

当我的家庭成员（朋友、伴侣等）不断地对我为了身体健康做出的新选择发表不以为然的评论，我会感到心理/情感不适/不安全。

为了让我在心理/情感上感到更舒适/安全，我不再关心那些评论，也不再为了我的选择与他们争论。

当 _____，我会感到心力上的不适/不安全。

为了让我在心力上感到更舒适/安全，我 _____。

例子:

当朋友不分时间地给我打电话讲述她的感情问题，我会感到心力上的不适/不安全。

为了让我在心力上感到更舒适/安全，我不再随时随地接听电话，我会主动选择何时参与她的情绪发泄。

第二步：设定界限

向他人说明自己的新界限需要练习。你越能明白地向他人说明你的新界限，成功转变的可能性就越大。

以下是一些有用的范例，对你练习向他人说明你的新界限会有所助益。

我正在尝试做一些改变，以便（讲述设定新界限的动机），希望你能理解这对我很重要。我猜想（讲述你对对方越界行为的理解）。当你（说明对方不妥的行为）时，我经常会感到（说明你的感受），我也明白可能你只是无意。今后，（说明你希望或不希望再发生的事情）。如果（指出原来不妥的行为）再次发生，我会（说明你为了满足自己的需要将做出的不同的反应）。

示例一：

　　我正在尝试做一些改变，以便我能继续维持我们的关系，因为我很在乎你，希望你能理解这对我很重要。我猜想你可能对我新的饮食结构不满意。当你不断地念叨我吃什么或不吃什么时，我会感到和你一起吃饭让我不舒服，不过我也明白你可能只是无意。今后，我希望我们可以避免谈论食物或食物选择。如果这样的情况再次发生，我会中止对话或停止我们正在做的事。

示例二：

　　我正在尝试做一些改变，以便我能维持我们的关系，因为我很在乎你，希望你能理解这对我很重要。我猜想你可能在你的感情关系中并不快乐，也希望自己能够被倾听。当你不断地打电话找我宣泄时，我经常会感到心力交瘁，我也明白可能你只是无意。今后，当你想要宣泄的时候，我可能无法每次都奉陪。如果你每次遇到私人情感问题时就要来找我宣泄，那么我不会每次都接听。

你可以根据实际情况使用上述模板，把适用于你的细节填在对应的位置上。刚开始你可能会觉得这样讲话很奇怪，这种感觉完全正常。请记住，大多数人都会受潜意识控制而对不熟悉的事物感到不舒服。练习将帮助你提高对这种新沟通方式的适应度。此外，你可以选择在正式沟通前演练，这有助于帮你建立信心。

小贴士：

- 时机很重要！最好选择在双方情绪都比较稳定的时段谈话。当你本身正处于情绪冲突之中时，试图说明你要设定的新界限只会让事情更加偏离轨道。不要忘了你在第 5 章中学到的腹式深呼吸，它可以帮助你平息任何可能的神经系统反应，并将使你的身体恢复平静。

- 沟通时，尽量将注意力集中在你将来的转变之上，而不是关注对方的反应或变化。

- 尽可能以自信、坚定、尊重的方式进行沟通。一开始这可能会很困难，因为这个经历是全新的（并且对大多数人来说是可怕的），练习会使这件事情变得更加轻松。

- 事前演练至关重要。一开始请选择不那么亲密的关系进行练习，这能够帮助你为更困难的交流场景积累经验。

- 如果双方能够达成一致意见，你也应该对妥协持开放态度。请记住，你也应该努力尊重他人的界限，在这个过程中你可能会发现自己的界限有修改的空间。请明确你的界限中哪些部分是你可以或绝不能够妥协的。（例如，你可能愿意在情感上尽你所能支持某人，同时不愿硬性更改自己的界限，这没问题。）

第三步：坚守界限

当你已经设定了新的界限，重要的就是坚守下去，也就是说避免让自己重回旧日的交往模式中去。对许多人来说，这才是最困难的部分。因为在设定界限之后的相处过程中，我们会怀疑自己没有权利设定界限。你可能会感到这样做是自私、粗鲁或刻薄的，并且对对方的任何回应都会感到抱歉。对于那些因曾被遗弃而形成了核心依恋关系创伤的人来说（许多人都有这种创伤！），在向对方说明新界限的同时可能会重新揭开自己的这些伤疤。你可能会感到受伤，甚至脾气暴躁。你可能会经历情绪化的反应、困惑、挣扎，或接收到他人尖刻的评论（"你变了""你在装什么假正经"），也许你还会感到负面的情绪（羞愧、内疚、自私），进而产生回到原点的强烈冲动。请记住，你所经历的这一切情绪反应，都是在转变发生之前的正常经历。

设定界限将是你在疗愈之旅中最困难的课题之一，也是在尊重他人的前提下重新联结自身的真实愿望和需求时最重要的步骤之一。这就是疗愈之旅的意义，也是让我们每个人都被看见、被听见和真实地表达自我的机会。

第 11 章

重塑自我，增强情绪韧性

人们普遍认为，认知觉醒往往并不是可以当即就发生的事。极富戏剧性的顿悟经历一般只是传说（和好莱坞电影）的素材，它们通常不能反映人们的真实生活。虽然我们可能经历过像被闪电击中般的通悟时刻，但大多数认知觉醒都发生在一段时间的积累和观察之后。

心理学家史蒂夫·泰勒博士研究了被他称作"认知觉醒"[76]的现象。他发现认知觉醒体验通常有三个共同的元素：（1）它通常从内心的混乱状态中露出苗头；（2）它通常发生在自然环境之中；（3）它通常会将我们带上某条精神实践之路。认知觉醒让我们认识到，我们不仅仅是简单的肉体，我们渴望与比自我更伟大之物建立联结。认知觉醒能够教会我们，我们眼中的自己并不一定是真实的自己。

通常情况下，我们需要经历苦难，熬过生活中的困惑和悲伤才能最终成为"有意识的人"。认知觉醒是自我的重生，它能撕毁你在无意识和大脑"自动导航"模式下对自我的认知。即使我们在身体上已经全副武装，但当目睹一个全新的世界时，我们所感受到的震撼还是令人痛苦的：在一个无意识的世界中重新掌控意识的体验会让人很不舒服。相关大脑扫描结果显示，认知觉醒期内与之后的神经通路，与抑郁症患者的大脑神经通路相近，研究人员将其比喻为一枚硬币的两面[77]，这个比喻很能说明问题。两者关键的区别在于，前者——经历过持续的意识训练的人可以激活甚至扩展意识脑的所在区域（即前额叶）的活动，而后者——与抑郁症或消极想法抗衡的人会减少这一区域的活动。

我的意识觉醒是分阶段展开的，它发生在我经受着极度的身心压力的时期，当时我的身心都处于失衡状态。那是我的一次自我危机，我开始感到生活令人难以忍受，所有新的旧的问题都同时浮现，将我围困，我别无他法，只能选择说服自己：超出掌控的状态就是我的生活常态。如果当时我选择了向外界寻求帮助，我极有可能像过去一样被诊断为抑郁症或焦虑症。但那一次，我本能地选择了向内观察自我，我看到了自己与真实自我的严重脱节。人生第一次，我将这些观察到的现象看作信使，不再压抑或回避。

我记得在我二十七八岁时，也就是我踏上自我疗愈之旅的前几年，我曾向一位朋友抱怨说，我感觉自己在"要在何处度假"这种问题上被当时的妻子和家人分别从两个方向拉扯着。我的朋友看着我，真诚地发问："这样啊，那你想怎么过？"

我当时差点儿从椅子上摔下来——我不知道自己想怎样。

几年后，在我的自我封闭期，在我与家人断绝了关系，与那些我觉得不再能够给我提供能量的人和地方分离，并从总体上降低了对外界需求的响应程度之后，与自我脱节的感觉再次对我产生困扰（尽管这一次并不是因为我的习惯性自我解离）。我感到自己好像抛弃了在过去的人生中认识的大多数人，并想象着有些人现在可能会恨我。我很孤独，非常孤独。我问自己，我还能找到同类吗？

当时的我并不知道，我正处于精神转变的过程之中。精神上的转变！可是这话怎么能出自一个痴迷于数据并且自认为是个不可知论者的心理学家之口呢？我回避了关于精神的想法，那时它还不在我的认知范围之内。

我意识到，在我能与他人建立完全的联结之前，我必须理解自己的情感、身体和精神需求，并尝试努力满足它们（这是人生中的第一次）。这是一个痛苦的过程，你要脱去过往的外衣，以一种前所未有的方式观察自己。你必须先了解自己，才能爱自己；你必须先爱自己，才能为自己提供那些无法从他人那里获得的东西。

什么是重塑？

儿童的健康发展水平取决于内在需求的满足程度。在孩提时期，我们会依赖父母和家人，希望他们能够在身体、情感和心理上为我们提供养分，我们极度渴望被看见、被听见和真实地表达自我（真正地做我们自己！）。当父母的回应是支持和鼓励，我们得到的讯息就是我们可以安全地表达自身需求，并适时向其他人寻求帮助。大多数父母从来没有学会如何满足自身需求，更不用说满足孩童的需求了，这类父母会将自己未能解决的创伤和行为模式传递给下一代。有时，即使父母很努力，他们也不一定能给我们需要的东西。每个人的需求都不尽相同，持续的满足更是难上加难。

也就是说，如果我们和情绪不成熟的父母生活在一起，我们的需求很可能经常性地无法得到满足或被驳回。情绪不成熟的原因是缺乏情绪韧性，情绪韧性就是处理内在情绪、沟通自我界限和使神经系统恢复稳态平衡的能力。情绪不成熟的父母可能会乱发脾气，表现得很自私或具有防卫性，通常使得整个家庭最后都围绕着他们的情绪打转。心理治疗师林赛·吉布森在《不成熟的父母》一书中提出，了解父母的情绪成熟程度，能够把我们"从情感的孤独中解脱出来，因为这样一来我们就能够理解他们的负面情绪不是针对我们，而是针对他们自己"[78]。

我反复观察过与情绪不成熟的父母生活在一起的人的种种结果。这些父母不能确定自己的需求，他们为了得到爱和认可而自我欺骗，长期生活在埋怨的状态之中，因为他们认为别人应该知道自己的需求。他们的成年子女往往带着孩提时期的所有经历生活在那个受保护的、熟悉的自我空间之中，往往会因为有强烈的"要成为表现正确的人"的需求而拒绝接受他人的意见，他们的行为会让他人感到渺小、无足轻重，就像父母让曾经的他们陷入的境地一般。还有一些人学会了伪装，总是戴着面具，害怕自己一旦露出真面目就会将人吓跑。有些人回避任何类型的亲密关系，另一些人则靠亲密关系活着。这样的成长经历带来的伤害，其表现形式五花八门，而疗愈的方式就是给予自己所有小时候未能得到的东西。为达成这一点，我们需要拥有一种意识：虽然小时候我们未能拥有明智的父母，但长大了我们可以成为自己明智的"父母"。这就是重塑的过程，它能让你重新学习如何通过日

　　　　　　　　　　　　　　　　　　　　自愈力

常的、专注的、有意识的行动来满足内在小孩未被满足的需求。

"重塑"的概念已在心理动力学领域存在了几十年。它们从主流心理治疗模式中产生，与心理治疗师的安全的沟通关系可以为生活中更健康的关系提供基础支持。精神分析就建立在这样的框架之上，进而形成移情的概念，也就是将我们孩提时期的感受投射到心理治疗师身上，成为心理治疗过程中不可或缺的一部分。如果你有方式、途径和能力进行这样的心理治疗，这对个体确实会产生难以置信的帮助，但事实是，没有人比你更了解自己的愿望和需求，以及满足它们的途径。只有你能真正做到这件事，而且你必须每天实时了解自己内心不断变化的需求。你必须为此付出努力，在练习驾驭自己的力量的过程中，与自我建立起更深刻、更真实的联结。

我们每个人都肩负着让自己满足自身需求的责任。当我们要重塑自我，做回自己的父母，我们首先需要学习辨识自己的身体、情感和心理需求，然后留意当我们试图满足这些需求时来自身体的条件性反应。我们中的许多人可能会发现，在成年后，我们内心会有一个批判型内在父母，他否认我们的现实感受，驳回我们的需求，并选择更多地响应他人的需求。成年后的我们依然让内疚和羞愧取代内在直觉的声音。

重塑的过程对每个人来说都会有所不同。一般来说，我们要做的是让内心的批评者安静下来，并接受自尊和同情的感受。在明智的内在父母的帮助下，你可以学会通过观察现实和感受来验证它们，而非本能地评判或忽视它们。你明智的内在父母会在尊重内在小孩的需求（被看到、被听到和重视自己最真实的部分）的同时，让你学会自我接纳，你应该是被优先考虑的对象。

为了培养明智的内在父母，你要学习如何建立自我信任（也许对你来说这是生命中第一次这样做）。你需要学习重建这种失去的信任，给自己设定一些小目标，让自己每天在一些方面对自己更好一些，并带着这个意识坚持下去。其中一个有帮助的方式是，养成每天对自己说些温柔的话的新习惯，就像你正在面对一个痛苦的孩子一样。你可以从每天问自己一个问题开始："在这一刻，我能为自己做什么？"如此反复的次数越多，你就越能在面对周遭事件时更自动化地思考这个问题，进而让你与自己的直觉重新联结。

重塑的四大支柱

下面我会讲述重塑的基础支柱。首先，我们应该明白，这个过程对每个人来说都是不同的，并且不存在精确的线性步骤。我们是存活周期短暂并且每一天的需求都在不断变化和发展的生物，因此，满足对应需求的手段也必须不断进步。

重塑的第一个支柱是情绪调节，或者说是成功驾驭情绪状态的能力。情绪调节是我们以灵活、宽容和适应性的方式应对压力的能力，之前我们已经反复提到过这一步，特别是在讨论神经系统的章节。调节情绪的方法你现在可能已经烂熟于心了——使用腹式深呼吸来调节我们的应激反应，不加评判地观察身体感觉的变化，以及留心观察那些小我叙述中与情绪激活相关的表达模式。完成之前的基础性课题能帮助我们为之后的疗愈做好准备，许多最终成功转变的人都发现，自己实际上更多地受益于对于本书前文中提及的调节性身体训练的坚持和深入。如果你认为自己也是这样的，我允许你放下书，在继续阅读之前重温前面的练习。

第二个支柱是有爱的自律。这个支柱涉及与自己设定界限，并长期坚守。我们通过制定和遵守小目标，以及培养日常行为习惯来做到这一点。自律是疗愈过程的一个重要部分，学习自律的过程可以帮助我们认真对待自己。我们中的许多人都是在以羞辱为基础的自律观念中长大的，因曾经做了"坏事"而受到惩罚的经历，而害怕被评判或被否定。重塑与自我欺骗相反，在这个过程中，我们选择养成新的习惯，进而证明自我价值并建立一种内在的可靠性和韧性，由此产生的强烈自信感会影响生活中的方方面面。有爱的自律行为可以使日常规则更人性化和灵活。

你的目标可以很小，比如艾里准时喝水的习惯；也可以很大，比如学会向那些对你的疗愈旅程没有帮助的事情说"不"。我从线上自我疗愈者社群看到了很多其他有用的例子：用牙线清洁牙齿、每天做填字游戏等。关键在于每天都要完成某件事，持续地做，并建立起对自己会认真对待这项活动的信任。我接触过的很多家长都说，他们会把闹钟设在孩子起床前的一个小时，这样他们新的一天就可以抢先一步开始。他们会把手机调成飞行模式，在需要将注意力转移到其他人的需求上之前，先为自己做一件事。这一件事可以是做早餐、散步、看书、健身，或者单纯放松，总之就是像其中一位自我疗愈者说的那样："没有人可以霸占这一个小时。"

我想强调的是，这种日常自律行为应该是充满自我关怀的。许多人在允许自己做的事情上建立了过于僵化的界限，近乎军事化，不给不可避免的错误或灵活性调整留出任何弹性空间，这往往往会导致破坏性的结果，使得我们无法表达真实自我的真正愿望和需求。总有些日子我们就是会想整天躺在床上，喝点儿酒，放纵地吃甜品，或者一整天不洗脸，这都没问题。当你随着培养习惯的过程建立了自我信任，你就会知道，你可以偶尔休息一下。因为你有能力重回这个日常活动，不会因为中断一天而崩溃。

第三根支柱与有爱的自律相辅相成：自我关怀。这个词本身可能会在这个消费主义时代被过度商品化，并被用来作为自我放纵的例子。但要知道，真正的自我关怀是认可自身需求和重视自我价值，完全不是自我放纵，它是整体性健康的基础。自我关怀是学会辨识并留心自身在身体和情感方面的愿望和需求，尤其是在孩提时期被否定的那些愿望和需求。

有很多方法可以将自我关怀行为融入生活的每一天：冥想5分钟（或更长时间）、活动身体、写日记、到大自然中去、独处、感受阳光、与所爱的人亲密交流。我相信，自我关怀最关键的一个方面就是要养成良好的睡眠习惯，高质量的睡眠会使我们更快乐，增强我们的认知能力，甚至延长生命。提前半小时睡觉，睡前两小时关掉手机，下午1点后不碰咖啡——去尝试这些事情中的一件或全部，看看你的身体和心理感觉可以有多美好。

第四根支柱，也是自我疗愈之旅的终极目标之一：找回孩童般的好奇心。这种状态由创造力和想象力、快乐和自发性，以及玩乐心态结合而成。

精神病学家斯图尔特·布朗是《玩出好人生》一书的作者，他通过研究发现那些犯下杀人罪的人往往是童年时缺乏玩乐的人，基于此，他提出了玩乐的"公共必要性"。此后，他以数千人为样本，研究了玩乐在其生活中的作用，发现没有玩乐的生活会导致抑郁症和一些与压力相关的慢性疾病，甚至最终导致犯罪行为的发生。他写道："我们对待玩乐的缺失应该像对待营养不良一样，因为缺乏玩乐会给身体和心灵的健康带来风险。"[79]

现实情况是，大多数人都是在不重视甚至不允许孩子拥有好奇心的家庭中长大的，所以并没有养成相应的创造力。很多人都因为曾被告知"搞艺术就没饭吃"而收起画笔，很多人的父母也为了生活而忽视或压抑自己对于创造性发展的进取心，很多人都曾因为在本该"认真"的年纪选择了"无意义的玩乐"而遭受惩罚。我就没有小时候和母亲一起玩耍的印象，一次也没有。这对我来说很悲哀，当然，对她来说也一样。

作为成年人，我们理应优先考虑生活中那些能给我们带来快乐的事情，而不是优先考虑任何次要的收获（金钱、成功、崇拜）。我们可以通过播放自己喜欢的音乐、随意地跳舞或歌唱，来帮助自己重拾孩子般的好奇心。我们可以即兴做一些事情，冲动一点，追随自己的热情所在。我们可以尝试一些我们一直想做的新鲜事——学习如何缝纫、学习一门新的语言或学习冲浪，只是因为我们想做，不需要做到完美。这些事还可以是为了在花园里栽种植物而将手弄脏、赞美陌生人的穿搭或重新与老朋友联系。所有这些例子都有一个共同的基本要素：为了享受其中的乐趣而做，而非为了任何外在的回报而做。

面对孤独、失望和愤怒

重塑是一场旷日持久的攻坚战，它是转变得以实现的最深层的动因之一，需要花费我们许多时间进行大量微调，因为我们的需求每天（实际上是每时每刻）都在变化。重塑需要练习，它是高度个人化的，需要我们不停地识别我们不断变化着的需求和应对机制。需要提醒大家的是：这一步往往充斥着重重困难。我曾收到过数封来自自我疗愈者社群成员的电子邮件，邮件中他们分享了他们的父母、家庭成员，甚至是朋友积极地抵制他们自我疗愈的故事。其中最令人印象深刻的莫过于一封来自一位自我疗愈者母亲的电邮，她写信斥责我给她的孩子"洗脑"，使得她的孩子在重塑阶段与她绝交。我不忍回复说她这是在将自己的愤怒不恰当地发泄到家庭以外的人身上。她的一生都和家人生活在这样的相处模式之中，而她女儿现在成了主动寻求改变的一方。这位母亲的行为太正常了，比起直视代际传递的相处模式在她女儿所做的决定中发挥的关键性作用，将责任推给外人更能给自己带来安全感。

我们要面对的不仅仅是来自外部的评判，还有内在评判。孤独是整个自我疗愈过程中的主基调，特别是在重塑这一步。重塑迫使我们与真我亲密接触，如果我们无法在这一步建立与真我强有力的联结，就会因此丧气，而这可能会让你感到比踏上自愈之旅之前更加不安和孤独。如此坦诚地与真我接触甚至可能让你对自己感到恼火，或者产生反作用。在意识真正地觉醒之前，你无法真正地做到自我重塑。

许多自我疗愈者社群成员在进行重塑时都有一个共识，那就是他们一直生活在未能表达的愤怒之中。直视我们被辜负、被否定或被伤害的过去，会唤醒我们潜在的怒气。有些人可能想径直将自己痛苦的源头指向父母，有些人可能希望父母此刻能像孩提时期那般介入并温柔地抚平他们的创伤，更多人的愿望是通过自

　　　　　　　　　　　　　　　　　　　自愈力

我疗愈至少让自己的痛苦和创伤得到承认和正视。试图解决问题的人往往希望得到一个具体的解决方案，而许多自我疗愈者社群成员事实上就选择了重新回到父母的身边，要求他们听自己倾诉或向自己道歉。

有些人可能会愿意进行这种对话。我曾见证过许多自我疗愈者社群成员在与自己的父母进行痛苦而诚实的对话后，确实改善并加深了与他们的联结。假如你感觉进行一番坦诚的对话能够对你的重塑旅程有帮助，就请行动起来。这种谈话的主要目标并不是改变对方对那些共同经历的看法，更加重要的是让你表达出自我的真实感受。我们能够表达对于自己过往经历的感受和看法这个行为本身就具有深刻的内在价值，如果你愿意做出行动，并且认为自己有能力承受并接受对方可能出现的任何反应，那么你已经准备好参与这场对谈了。但如果你只是在单纯地期望父母能向你道歉、能懂得你的感受或能对你的经历和观点给予肯定，那么我会建议你将这次对话延后，直至你对结果的不确定性有更高的容忍度。最重要的应该是内心的真正疗愈，通常情况下，父母并不能如我们所愿地对这种对话抱持开放态度。这也是十分正常的，我们的父母一生都生活在这种他们早已习以为常的相处模式之中，数十年的行为习惯不会仅仅因为你为他们指明了问题所在就改变。他们必然会产生困惑的感受，而且在有些情况下，贸然进行这样的对话带来的伤害可能比成效更大，他们甚至可能还会反过来生你的气。

总之，我想说的是，重塑过程中你会很自然地感到愤怒，并且能让愤怒轻易吞噬你，重要的是，当你身处其中，你有能力并且应该与它交涉。此外，抛弃对外界会承认你的感受或经历的期待，将有助于重塑过程的进行。唯一能帮你完成这一过程的人只有你自己，因为你是亲身经历者，你的感受是一手的、真实的，这不需要经由他人和外界事实确认。

最后，我还想提醒已经为人父母的读者进行深呼吸。已为人父母的自我疗愈者常常会带着巨大的恐惧和内疚感进行重塑，他们会情不自禁地想象自己未来将会如何辜负（或过去已经如何辜负）自己的孩子。

几乎每天都有人问我，如何才能确保自己不会对自家孩子犯同样的错误。

答案只有一句话：你无法确保。

为人父母是一项困难的工作，加之情感投入之深更是使得这个过程难上加难。自我疗愈者需要确保自己活在当下，为人父母的自我疗愈者需要与此同时时刻留意并满足孩子的所有需求。事实是，这样的你就是会不可避免地犯错，就是不可能做到完美，你会以各种不同的方式触发很多问题，但这真的都没关系，而且从长远来看，这实际上还是有益的。经历压力可以帮助孩子建立情绪韧性，这是情绪成熟的一个关键基础，在后文中我们也将更详细地讨论这个问题。

听从内心的呼唤

我的认知觉醒过程始于一段令人非常不舒服的经历，但正是有了这个开端，我才得以转变自己的整个存在。直至我最终决定与家人保持距离，为自己划出一个不受家人影响的生存空间，我才开始真正理解一直以来我不断否认或压抑的各种需求。作为一个有"依赖体质"的人，我的需求总是因他人而生（很多时候我甚至确信自己没有任何需求）。我必须为自己创造能让自我独立呼吸的空间，并将自己视为原生家庭之外的一个独立个体。在恐惧和毁灭之后，我终于与自我相遇，有生以来第一次，我明白了自己的真正需求。

在我的生命中，我只有三次在不顾他人可能受到伤害的情况下真正地正视自我需求。第一次是在大学里，我决定放弃打垒球，因为它不再能够让我快乐。尽管我知道我的父母（特别是我的母亲）会很失望，而且我还可能让我的团队失望，但为了自己，我还是坚定地放弃了。第二次是我选择结束那段多年处于情感脱节状态的婚姻，当时我的内心充满挣扎，不知道自己是应该继续这个状态，还是必须做出改变。

第三次就是洛里和我共同做出搬往加州的决定。多年来，这对我来说甚至都不是一个选项，因为我深知这会让我的家人沮丧。但在内心深处我也知道，去西海岸是我一直都想做的事。在我与家人断绝往来之后，我终于不再被无形的锁链束缚，直觉上我知道，我已不再属于东海岸。如果十年前你告诉我，我将来会生活在离费城和纽约千里之外的地方，我一定会捧腹大笑。我对这两座城市早已"情绪成瘾"，这里的环境可以不断地刺激我的情绪反应，街道上的混乱、噪声、光亮和面无表情的人群是我内在世界的直接投射。我的老朋友们将我的突然转变解释为提前步入中年危机。我放弃了过往生活的全部——我的诊所、我的家庭、我的朋友，转而跨越整个国家在西边开始全新的生活。当我开始向一些往来密切的人说出我对人生真理的新认知时，我有时会遭遇他们的疑惑、质问，甚至是敌意。

当洛里和我到达加州时，我们都知道那是适合我们的地方。我的内在感到更加平稳，我开始被那些能够让我的身体达到自然平衡的万物所吸引，那是自然本身，是阳光的温暖，是一个我可以自由呼吸和往来的场所。我们最终决定离开的举动成为重塑过程的象征性延伸，终于，我选择承认自我的需要、倾听自我的欲求，并允许自己去实现它们，我听到了内在直觉的声音，并且选择了追随。

重塑的过程并不容易，过渡时期也会让人感到相当艰难——因为这本质上就是一个破坏内稳态的过程，无论转变后情况有多完美，你总会在这个过程中感到不舒服。我们是依赖习惯的生物，当我们不能按过往习惯的标准行事，我们就会感到混乱、脆弱，甚至对转变的意图本身产生敌意。生活中随便一个会影响到稳态生活节奏的事件（换工作、搬家、死亡、出生、离婚）都会迫使我们离开舒适区，走向一个更加广大的未知世界，去往一个自然而然令人感到不安的地方。

移居加州就是冥冥之中注定的事。这意味着我得关闭辛辛苦苦建立起来的私人诊所，挥别许多已经与我建立了深刻情感联结的客户；意味着我需要找寻新的线上途径来维持我珍视的人际关系；意味着我即将真切地与我的原生家庭绝交。我将从身体层面与自己的创伤性联结分离，这让我在感到自由的同时也感到害怕。现在的我已掌握处理不适感和不确定性的方法和技能，也终于可以相信直觉自我，这种感觉棒极了。尽管我仍然会与孤独以及许多关于未来的不确定性做斗争，但我感到自己的身心产生了从未有过的和谐。我的睡眠质量提高了，消化系统的功能也提升了，我不再便秘，连肺部的容量似乎都在扩张，我感到灵魂更加

自愈力

轻盈，情绪更加高涨。我越来越认真地倾听内在自我的声音，并且越来越深地认知到自己对于快乐的渴求，并且确信自己是值得拥有快乐的。

有一天，在写作本书的过程中，为了理清混乱的思绪，我下楼散步。当我漫步在新家附近的海滩上，感受周围世界时，我习惯性地向自己发问："这一刻，我可以为自己做些什么呢？"就在这个问题闪过脑海的时候，耳机中响起了蒙福之子乐队的歌曲《人生终有时》（There Will Be Time）。我把音量调高，沉浸在鼓点、键盘和人声之中：

> 张开双眼，看见新的光，人生终有时。

这些歌词宛如预言。我站在原地，终于张开了认知觉醒后的双眼，学会了与内心最深处的愿望和需求联结，我第一次真正地相信我们与生俱来的在任何时刻做出选择的无限可能性。我把音乐音量调高，不自觉地开始摇头晃脑，摇摆臀部。这完全不符合我过往认知中自己的性格——长久以来，我都不喜欢跳舞。我意识到自己对舞蹈的厌恶起源于童年的芭蕾舞课上，那个我从镜子里看到自己的肚子比班上其他女孩的肚子都大很多的时刻。从那之后，我开始因为外在原因而感到越来越拘束，彻底不再在公共场合跳舞了。我总是选择站在一旁看他人跳舞，看他们跳得那般自由自在。想不到三十多年后的今天，我却在加州，一个全然陌生的新环境之中，随着音乐摆动。过了没多久，我还举起了双手，脚步也开始挪动，在一个公共场合，我就这样全身心地投入了这支舞。

我不再恐惧他人的眼光，不再在意外界的评判，放下了内在受伤的小孩承受的所有痛苦，这一切都是重塑过程中令人快乐的一面。在沙滩上的舞蹈是自我接纳的表现，是我在自我疗愈之旅中向内在迈出的又一步。

　　　　　　　　　　　　　　　　　　　　　　　　　　　　　自愈力

开启疗愈之旅：制定个人化的重塑清单

花些时间思考，在重塑的四大支柱中，你最有可能先从哪个着手。询问自己目前最急迫的需要。

情绪调节

许多人在成长过程中都没有学到情绪的价值或管理方法。作为成年人，学会调节自身情绪是自我疗愈的关键一步。你可以通过以下方式进行日常练习，来培养自我情绪调节能力。

- 练习腹式深呼吸
- 观察不同的情绪被激活的过程
- 留意导致你的情绪被激活的因素
- 允许自己流露自然的情绪反应，并且不加评判地观察和感受它们的游走

选用以上方式（如果需要的话），或是记日记，或是列出其他可行的有助于培养自我情绪调节能力的方法。（随着时间的推移，你有可能发现更加适合自己的新方法。）

有爱的自律

许多人在成长过程中都没有形成简单的、有益的、有助于自身发展的日常习惯。作为一个成年人，你可以通过以下方式养成有爱的自律习惯。

- 每天完成一个小目标
- 设立自己的日常仪式

- 对不适合自己的事情说"不"

- 在感到不适的情况下仍然坚守界限

- 花时间内省

- 以客观（非评判性）的语言清楚地表达自身需求

选用以上方式（如果需要的话），或是记日记，或是列出其他可行的有助于养成有爱的自律习惯的方法。（随着时间的推移，你有可能发现更加适合自己的新方法。）

自我关怀

许多人在成长过程中都没有被告知高质量的睡眠、运动、营养和接触大自然对个体存在的价值。作为成年人，你可以通过以下方式养成自我关怀的习惯。

- 早点儿上床睡觉

- 自己做饭和 / 或在家吃饭

- 冥想 5 分钟（或更长时间）

- 活动 5 分钟（或更长时间）

- 写日记

- 花时间接触大自然

- 晒太阳

- 与你爱的人常联系

选用以上方式（如果需要的话），或是记日记，或是列出其他可行的有助于养成自我关怀习惯的方法。（随着时间的推移，你有可能发现更加适合自己的新方法。）

拥有孩童般的好奇心（创造力加上想象力，快乐和自发性加上娱乐性）
许多人在成长过程中都没有被告知从自发性、创造性、娱乐性活动和纯
粹的存在中获得快乐的价值。作为成年人，花时间玩乐、找寻自己能够
乐在其中的爱好并与其建立联结是至关重要的。你可以通过以下方式来
找寻自己本真的快乐。

- 自由地跳舞或唱歌
- 随机尝试一些计划之外的事情
- 寻找新的爱好或兴趣
- 听喜欢的音乐
- 夸奖陌生人
- 做一些小时候喜欢做的事情
- 与朋友和爱的人保持联系

选用以上方式（如果需要的话），或是记日记，或是列出其他可行的有
助于养成好奇心的方法。（随着时间的推移，你有可能发现更加适合自
己的新方法。）

第 12 章

成为一个情绪成熟的人

　　情绪成熟与年纪无关。有些人在进入青春期之前的情绪成熟度就已经超过了自己的父母。

　　相比之下，情绪不成熟的案例普遍得多，其表现形式就是对情绪的耐受度低。情绪不成熟的人往往难以忍受自己的情绪，他们会用摔门而去的方式来表达愤怒，或者用冷处理的方式来表达失望。情绪不成熟的人对自己的情绪无所适从，他们通常会大发雷霆，每当情绪被激活时就会变得防卫性极强或者完全将自己封闭。

　　具体的场景可以表现为，当孩子的情绪与父母的情绪冲撞时，父亲对孩子大喊"别闹了！"，或者朋友之间在产生分歧后，其中一方开启冷处理模式，对对方置之不理。之所以会有这样的情况，往往是因为情绪不成熟者没有能力对他人的不适感受产生共情，无法容忍多种情绪的同时存在。对于这些人来说，他人的视角和观点令他们感到威胁，对这些观点的恐惧令他们根本无法包容这些观点的存在。

心理治疗师林赛·吉布森将情绪不成熟（主要是育儿方式上的不成熟）描述为"缺乏满足儿童情感需求所必需的情感反馈能力"[80]。在情绪不成熟的父母管教之下的小孩会感到孤独，这是"一种模糊又私密的体验……你可以称之为空虚感，一种在世间找不到联结的感觉"[81]。

　　我对这种空虚感深有体会，我从来不觉得自己能够真正客观地评价自己的经历，更不用说承认和享受它了。大多数时间里，我都在努力思考如何能够让自己在真正意义上更快乐一些，让自己更纯粹地去享受生命的旅程。如果我不知道自己真正的需求，我又如何让自己真正地快乐呢？

　　我认为这种空虚感来自与真实自我的持续脱节状态。多年来我们都过着基于习惯性表达的生活，我们无法真正满足自己在身体、情感和精神上的需求，并且还常常怀着可能被误解的恐惧。在不支持自我表达的家庭中成长的人，可能会发现自己过于关注他人对自身的看法或感觉。许多人都有这样的经历，我认为这也是社交焦虑症在当下如此普遍的原因之一。诸如社交焦虑和对外表过度关注的情况，在现今许多人每天都会浏览的社交媒体这个新的虚拟舞台上展现得淋漓尽致，我们对观看量和点赞数的执念很大程度上就来源于我们未被满足的被看到和被听到的自我需求。许多人花费大量的心力，就是为了得到他人的理解。对可能被误解的恐惧促使我们在生理上做出反应，推动着自己进入应激反应状态，让循环的习惯性思维模式和小我编造的故事驱动我们的行为。同时，这种恐惧还将我们的自我身份认同与他人对我们的认可程度挂钩。由于社会型生物发展的基础就是群体和被接纳，不合群的情况就可能引发可怕甚至是致命的后果。我们对被排斥的恐惧持续至今，即使如今离群的代价相较以往已然降低。需要被社会接纳的生存动机致使我们生活在恐惧状态之下，无法与周围的人实现真正的联结。在这种状态下，人们就会过度反应，丧失理性，害怕做一些"愚蠢的"事情（比如在公共场合听着自己喜欢的歌曲跳舞）。

对于许多自我疗愈者来说，最痛苦的不是对自我的进一步理解，而是对他人的进一步理解。当我们能进一步认识自己模式化的生活方式，我们也同样能进一步认识到他人模式化的生活方式，这也解释了为什么许多人会觉得回家是件很困难的事。在探访家人的过程中，我们不仅能够观察到自己的习惯和行为模式，也能看清我们更深层次的内在创伤，同时这也会激活其中许多创伤。有些人甚至会拥有一种类似于时下流行的"幸存者内疚"的情绪反应，觉得自己就是那个"有幸逃出来的人"。这样的感受可能会让我们不愿与仍困在旧日的生存环境中的人分享自己成长过程的细节。或者，我们可能会发现自己对从旧角色中走出来感到愧疚，希望我们的亲人能跟随我们一起转变，这样我们与他们的关系才能保持原样。许多"幸存者"真切地关心着他们所爱之人，并希望他们明白他们也是时候改变了，希望他们也可以走上自我疗愈之旅。这当然是一个美妙的愿望，但现实是，并非所有人都会选择改变。正如我们已经知道的那样，自我疗愈的过程需要的是每日的坚持付出，要达成这一点，个体必须能主动选择。当我们所爱之人并没有选择与我们相同的道路，对我们来说更有益的应该是学会放下，把与现实抗争的能量用于接受我们对现实的所有感受。

情绪成熟的人知道如何与误解或被误解的感受和平共处，这一点有助于个体继续不计后果地跟随最真实的自我生活。你的意见、信念和所体会到的现实之所以是这个模样，全因这是你的真实感受，并非因为其他人的影响。我们可能还是讨厌某一部分自我，但这一部分既然存在，就必须被承认。个体的核心自我意识多变且具有依附性，它易受外界影响，甚至会受到我们眼中他人对自己的看法的影响。在这种无界限的状态之下，个体就没有实现情绪成熟的可能性。

大多数人从来没有学过如何掌控自己的情绪，也没有情绪韧性。在这种情况下，当我们不可避免地遭遇不顺心的事情时，我们很难重回正常状态。当你以真实的自我面对生活，你就不可避免地会遭遇他人的评判和批评，或者让他人感到失望。这就是关于生活的全部真相，是作为一个有生气的、个性化的人需要面对的事实，与对错无关。随着你的情绪管控能力的不断进步，你将更加能够容忍那些看起来、听起来、做起事来或看待事物与你不同的人。情绪成熟的标志就是能够容忍差异的存在，甚至是容忍与你完全相反的事物的存在。

90 秒法则

情绪成熟使我们能够承认所有情绪的存在，包括我们原本不愿承认的更丑陋的那些情绪。情绪成熟的根本特征是有能力认知并调节自身情绪，并给予他人表达情绪感受的空间。或者简单地说，情绪成熟就是能够忍受并掌控自己所有的情绪，而这也是自我疗愈的核心课题。

无论你是否相信，在生理学上，有一个关于情绪的 90 秒法

则 [82]：无论什么情绪，都只能维持 90 秒，因为我们固有的生理机制会要求我们恢复内稳态。当我们处于压力状态之下，体内的皮质醇就会激增，体内处理焦虑情绪的回路就会被激活；当压力状态解除，相反的生理过程就会帮助我们回到内稳态。

上述过程自然发生的前提是我们没有在心智层面介入。很少有人可以让情绪纯生理性地、自然完整地表达，大多数人都会将情绪带到心智层面，编造对应的情感故事，左思右想，让自己陷入情绪成瘾的循环之中。这时，一个本在 90 秒内就可以完结的情绪过程就发展为数日的烦躁和愤怒，甚至是数年的怨恨。对于多年与真实自我解离、压抑自己真实感受的人来说，只有当我们选择接近真我时，我们才能正确地处理所感知到的情绪，解放内心真实的感受。

当人们反复回想那些令人痛苦的想法时，人们就会激活相应的神经系统反应，进而重复体验那痛苦的感觉。你的身体分不清过去和当下，对于身体机制来说，这种感受就是威胁。比起积极的情绪，令人痛苦的情绪体验持续的时间更长，感受更强烈。甚至有研究表明，在情绪强烈的时刻，我们对时间的感知都会被扭曲——有时时间似乎跑得快些，有时又慢得和蜗牛一样。

往好的方面想，我们可以利用意识的力量为自己创造一个更积极的"现实"。在我逐渐与自己的身体重新建立更深的联结，认识到各种感受的变化后，我才辨别出压力和兴奋的区别。从前，每当我感到情绪被激活的时候，我就会认为自己处于压力之中，即将自我解离或失去控制。直到我开始观察自我，我才发现我常常将兴奋和压力混为一谈。现在，每当我感觉到自己本能地想要将正在感受的情绪认作焦虑时，我会先暂停一下，换种角度审视它。如果可以，我会将它定义成对我更加有益的情绪（比如兴奋）。在我准备在社交媒体上发布一个我热衷的话题之前，我所感受到那种内心七上八下的感觉不一定是压力，那只是我的热忱和兴奋的体现。当我们学会了摆脱本能的反应机制时，我们就有能力切断身心的反应回路，进而忠实于自我的身体感受。当我们不再习惯性地为自己的情绪来源编造故事，我们就能缩短情绪反应的过程。在这个过程中，我们就会明白：一切情绪都是会过去的。

学习观察自身的情绪及其带来的感受的变化有助于提高我们辨认情绪的能力，帮助我们理解身体向我们反馈的不同信息。当我们有意识地练习站在客观的角度观察自身情绪反应（肌肉紧张、生理激素的释放过程、神经系统的激活过程）时，我们就能掌握身体运作的智慧。这样，我们就可以开始利用这些信息，与他人交流我们对自身内在更充分的认知。

应对情绪成熟

我们的目标不光是为情绪贴上标签，我们还需要尽快恢复到稳态平衡。压力是生活中不可避免的一部分。情绪成熟使我们能够有选择性地对外部世界做出反应。这能够帮助我们重回多重迷走神经正常的轨道上，回到社会参与模式的安全基线，这时我们对与自身和外界的联结才会感到安心。许多人在成年之后仍然继续着孩提时期学到的陈旧的、条件性的应对模式，而这些行为习惯往往无法满足我们的真实自我。那么，我们如何才能以情绪成熟的方式发现和满足自身需求呢？

安抚是处理不适感受的首选方式。孩提时期养成的安抚行为是对环境的适应性反应。简单地讲，那是我们在条件允许的情况下对环境和经历的最佳应对方式。作为成年人，我们需要用当下生活中的新信息来更新我们关注自身情感需求的方式，这么做能够使许多人受益匪浅。比起本能地回到童年的应对策略中去，主动的安抚是更加明智的选择。当我们主动地直面问题，我们就能得到安抚，这往往让人感到非常满足。在你能够识别并且不加评判地给你的情绪归类后，你会想找到一种方法来中和你的反应。

安抚不一定是直观的，特别是在没有人给我们示范过面对逆境的正确方法的时候。在我提升情绪成熟度的初期，关于如何在感到愤怒或烦躁时安抚自己的问题，我毫无头绪。多年来我只见到过冷处理和大喊大叫这样的处理方法。在我看清了成年的我身上那些我想摒除的习惯之后，我尝试了各种新方法，其中一些有用，另一些则让我感觉更糟。在此过程中我意识到，当我生气或烦躁（这是过去常常被我当作焦虑的感觉）时，让身体活动起来会好很多。在我生气或烦躁时，任何让我感到静止和停滞的东西都只会让我的情绪更糟。于是，每当我感到受到挑战时，我就会去散步、洗碗，以任何我能做到的方式让自己的身体动起来，以释放与我的感觉相关的生理能量。当我试图通过以放松的方式，如看书（我最大的爱好）或洗澡来缓解我的感觉时，我的情绪会更加紧张。这些方式是因人而异的，也许对你来说，情况可能正好相反，只有在情绪被激活时尝试一下，你才会知道。

另一种满足感不如安抚明显，但同样重要的应对策略是提升我们容忍痛苦的能力。我们绝不想让自己觉得必须依赖一件特定的物品才能安抚自己（就像成人版的橡胶奶嘴一样），我们总是希望让自己尽可能灵活，以便在逆境中从容应对。当我们感到情绪被激活时，我们可能并不总有条件去散步或冲澡。在某些情况下，许多人发现自己不得不忍受痛苦。在孩提时期，我们还可以依靠他人来帮助我们忍受或抚慰我们的各种不适感。随着年龄的增长，我们得学会自己忍受情绪体验的波动和多样性。

许多人面临的挑战是尊重自己感知到的情绪。此时，我们可以试着观察脑海中出现的故事，注意到它们正在发生、在场，不抱批判心态。忍耐需要一种内在的信任，而安抚则不需要。在学习忍耐的过程中，我们必须对自己有信心，相信我们可以熬过去。这个过程会产生一种自信，使我们能够直面挑战，而不需要任何外界的东西来消除我们的不适感。

当你开始提升情绪容忍度时，你要明白你的精神力量实际上是十分有限的。当你已经感到疲乏，却还试图强逼自己，你就很可能会回到习惯性应对策略上（例如，发怒、退缩、翻看社交媒体）。对自身精神力量极限的认知是成功的先决条件。假如你已经感到身心俱疲，你应该在情绪被激活之前让自己从环境中短暂抽离。假如你感到压力和劳累，就先待在舒适区，别再进一步试探自己的情绪极限。你应该允许自己在还可以承受的时候说"不"。情绪成熟就是理解自己的情绪界限，不带恐惧或羞愧地将它们传达给他人。

以上应对方式（包括安抚，但主要是容忍情绪）告诉我们，我们是有能力忍耐不适的。从前，我们习惯性地让自己走神，这是因为在某种程度上，我们不相信自己有能力处理那些让人感到痛苦的状况。每当你打开了你的容忍之窗，你就要告诉自己："我可以，我可以渡过这个难关。"我们经常会听到别人说我们应该将自己深深地投入情绪深渊，而事实上这么做会对神经系统造成伤害。相反，我的建议是，请努力一点一点地打开这扇窗，一旦它被完全打开，你就会发现自己对于整个内部和外部世界有更高的宽容度。

给父母的建议

正如你可以自己实现情绪成熟一样，你也可以帮助孩子培养其情绪成熟的能力。身为父母，你能为孩子做的最好的事情是为他们投入时间和精力，确保他们得到最好的照料。当你能够尊重自己的身体，学会掌控自身神经系统反应的力量，直面真实的自我，并养成情绪调节能力和情绪韧性时，你的孩子也能通过协同调节来内化这一切。保持平衡且能够自我表达的状态将帮助你的孩子学会处理自己的失调时刻，他们可以把你作为他们的安全基地，他们会确信你能够帮助他们回到安全的状态。

一旦你开始培养自己的情绪成熟能力，你就可以将自己的一部分内在精神力量用于帮助孩子处理他们的情绪。你可以鼓励他们自我关怀和保持自律，比如做运动、独处和保证足够的睡眠时间等等。同时，当他们承受压力时，你可以把自己应对压力的方式（观察自身感受和知觉的变化）教给他们，帮助他们学会理解压力。询问他们的身体反应——"当萨曼莎取笑我时，我的脸会发烫""当我不得不和提米分享自己的玩具时，我的心跳加速"，帮助他们认知这些身体反应可能代表的情绪（羞愧、愤怒、嫉妒），并让他们尝试不同的安抚方法来主动舒缓这些感觉。请记住，适用于他们的方法并不总是你认为有帮助的那些方法，试着把这个过程看作了解孩子的机会——他们本身就是独特的个体。

但从现实来看，当孩子在外经受压力，你不可能总在他身边帮助他应对自己的情绪。身为家长还有很重要的一课就是学会容忍。你无法预知孩子的未来。尽管没有人愿意去想象痛苦的事情发生在任何亲人身上，但该发生的还是会发生。当我们能够正确地给孩子树立起承受压力或是镇静地应对困难的榜样，孩子也会学着储备起内在精神力量，而这将是他们一生的力量。

身为父母，最重要的功课就是接受不完美。然而，我发现对于大多数人来说，接受不完美并不是一件容易的事，尤其是对于那些因遭受过童年创伤而形成讨好型人格的人或成就出众者来说。我就几乎无法忍受洛里或任何我爱的人对我的失望，我讨厌被人们看到我不太光彩的时刻，讨厌任何他们需要我而我根本无法给予他们支持的时刻。失望是人类普遍拥有的一种情绪，父母大可不必担心，如果你已经为孩子创建了一个真爱的空间，且孩子已将之内化，那么你在孩提时期经历的创伤并不会对孩子有什么影响。如果父母能学会倾听和接受孩子不同的现实感受，他们就能够帮助孩子学会质疑、自我表达和向外界展现真实的自我。在这样富有安全感的环境之下，孩子就会向父母报以诚实和安全感，而这种状态就是由父母和孩子共同创造和共同经历的真实自我表达的联结关系。这种对等的真实表达就是前文提到的安全型依恋关系的核心。当你成长于一个有安全感的环境之下，你就能够更加自由地掌控周围的世界，你会犯错，也能在跌倒时爬起来。这建构了我们内在的精神力量，也帮助我们养成了应对生活中不可避免的困难时的弹性。

当你能够更加从容地接受自己的不完美，你可能还会发现自己对父母和其他亲人也能延展出类似的同情心（对于有些人来说这还是很难）。我明白，接受他们是"容易犯错的人"这个过程本身可能令人沮丧，甚至会引起愤怒。随着我们慢慢深入挖掘，试图了解他们的生存状态和生活环境，我们会开始同情他们，而不是寻求解释。你可以理解他们的创伤，感受他们的痛苦，同时依然维持着你心理、身体和情感健康上所需的界限。情绪成熟指的是在必要的时候将柔软和坚强结合，不仅面对周围的人（父母、孩子、朋友），还要面对你自己。

冥想和成熟

如何描述我所遇到过的情绪最不成熟的（这并不是贬低他，他完全赞同这一评价）自我疗愈者之一——约翰呢？最合适的说法应该是"引人注目"。他就是那种能将整间房间里的氧气都吸光的人，那种在电话会议里都必须主导的人，那种但凡感到他人质疑了他的权威（特别是当对方还是个女人时）就会大发雷霆的人。将他描述为"情绪发育不良"我都觉得不为过：他认为一切都要以他为中心，他的世界观完全就像婴儿或幼儿的一样。当事情无法如他所愿，他就会大喊大叫；当他生气时，他就会默默地、让人背后发凉地沉默不语。他从事的是销售工作，他讨厌这份工作，但同时他又将自己所有身份认同和权力感建立在月度业绩那个数字之上。虽然他的业绩很好，但他的情感关系一直不顺。他从来无法真正地放松，无法与他人静静地待在一起，特别是无法和恋人好好相处。

这就是约翰在开启自我疗愈之旅之前的状态。而当他开始一步步地剖析自己之所以会这样的原因，他意识到了自己童年创伤的核心，它很柔软，却严重受伤。他的自恋只是他所遭受的深层伤害的一个幌子。他开始与我分享他父亲的故事——他的父亲也是一个会突然发火的人，尽管他随时随地都能"爆炸"，但在酒精的刺激下尤甚，有时还会用皮带打他。他的母亲也同样经历过他父亲的毒打，她会选择走出房间，事后对着约翰为他父亲的行为找借口开脱。但很明显，约翰会因为母亲没有保护他，而对母亲的行为更加生气。

情绪不成熟的人之间通常会相互吸引，对于约翰来说就更是这样了。他发现自己爱上的和吸引到的女人似乎都是被动的和顺从的。她们忍受约翰的大声叫嚷，极少干预或质疑他，直到她们的情绪真正爆发，这段关系就会完结，约翰也就再次坠入孤独感和不被人看见的感觉。在他最后一次经历分手（以他猛烈地将数十个玻璃盘子砸到地上告终）时，他才终于选择走上了自我疗愈之旅。

当约翰第一次得知情绪成熟这个概念时，他感到很尴尬。他发现这些描述完全指向自己，他讨厌这种感觉。这让他感到非常震惊，以至于他有一段时间不再接触这些概念——自我意识觉醒有时会让人感到唐突和不舒服。最终他开始更深入地做冥想练习，将每日冥想的时间从 5 分钟增加到 10 分钟，直至增加到 20 分钟。此前他从未意识到自己的生活没有界限，于是设定界限就成了他的热情所在。他列出了生活中的所有人，以及他在与他们的关系中的需求，他开始努力改变自己对关系中另一方的表现的期望。当他感到难以承受时，他会努力克服痛苦和烦躁，静待情绪消逝，而不再是把这些情绪发泄到他人身上。

　　　　　　　　　　　　　　　　　　　　自愈力

现在，虽然约翰不敢说自己"成熟"（我认为这正是他越来越成熟的标志），但他已经取得了惊人的进步。他仍在继续与自己的情绪反应做斗争，特别是在他感到被评判或被误解、能够激活他童年创伤的情境下，如今他已经学会了帮助自己控制情绪的方法。当他感到自己正在经受着让人难以忍受的感觉（比如愤怒）时，他会告诉自己这是一种生理反应，拥有这些感受并不代表着他是怎样的人，如此他就能够更轻易地让这些感觉流过他的身体，而不对它们做出反应。他仍旧从事着销售工作，但与此同时他还成为一名经过认证的冥想修行者，他说冥想是他的热情所在（他的第四根重塑支柱）。他每天都在研究自己的情绪反应，这成了他日常生活的一部分。

内在情绪成熟的对外辐射

当我们面对让我们大伤脑筋的高压情境时，我们的情绪成熟就会受到考验。约翰说他一直在观察着自己的反应，在自己的应对策略和重塑过程中挖掘自己不成熟的表现（尽管他已经尽了最大努力，他有时还是会不成熟）。自我追责有时对我们是有帮助的，它可以帮助我们更轻易地找到自己的压力临界点。在生活开始给我们带来压力时，或者在我们刚经历完情绪的爆发之后，反思事件经过对我们来说是有帮助的。试着问自己以下问题，这可以帮助我们在被自己的情绪反应完全控制之前先掌控住它，其中包括：

• 从刚发生的事件中，我对自己又有了哪些新的认知？

- 是什么样的习惯性行为模式让我做出了那些反应?
- 我怎样才能接受这些不适感并从中成长?
- 我怎样才能学会接受批评,同时又不将他人的话作为绝对的真理?
- 我怎样才能原谅自己和他人?

我们越是自我追责,我们对自我的信心就越强,因为这一行为本身为失败留出了空间。当我们不可避免地偏离初心,我们就能学会灵活处理和宽容自己。当我们学会自我信任,我们就会知道,路总是在那里。自我追责的本质,就是自我赋权。

当然,有时你还是会变回老样子。总有些时候,你会觉得自己太累,什么都不想做。总会有些时候,当你受到挑战,你还是会做出让你感到尴尬的情绪反应。每当新的压力以任何形式进入你的生活,比如你正在面对一个生病的亲戚,你接受了一个新任务,或者你正在经历一次失恋,你都有可能失去对情绪的控制。我们都有情绪不成熟的时候,这是人类的本性。随着我们的日常变化——不同的环境、变化的激素分泌、有时太饿有时又太累,让我们达到情绪成熟的方式也会变化。我们的目标是在不断变化的情境中,使自己有能力拥有最佳的情绪状态。

情绪成熟不是一个像电子游戏那样只要通关就可以永久升级的状态(比如,现在你已经成为一个完人,你赢了!),它不是这种奇妙的顿悟状态。它是一项练习,是一种自我原谅,它最终会将我们引向身心更加和谐的统一。

开启自我疗愈之旅：情绪成熟和情绪韧性的养成

第一步：重新联结并审视自身情绪

情绪是随着体内激素、神经递质、感觉和能量的转变而产生的身体内在反应，每个个体对于不同情绪都会有不同的反应方式。为了培养认知（并最终安抚）自身情绪的能力，首先你需要进一步地认知你的身体对情绪化事件的应对机制。

为了达成这一目标，你可以尝试设定一个新习惯，并每日坚持，以这种方式与自己独特的身体建立联结。你可以使用以下提示语进行冥想练习。

身体联结冥想

这个冥想练习可以帮助你与体内不断变化的情绪状态保持联结。首先，找到一个安静的场所和舒服的姿势（坐着或躺着都行），在接下来的几分钟中，保持静止。在完成冥想的过程中，你可以借助以下指引：

让自己沉浸于当下，将注意力集中到自身和内在体验上。轻轻地闭上双眼，或轻轻地将注意力集中在某一个点。

深吸一口气，让空气完全充满你的肺部，感受腹部的隆起，动作尽可能地缓慢，接着缓缓地、长长地吸气、呼气，重复上述动作。认真感受肺部充满空气的过程，再慢慢地呼出。（这个过程不限时长，你可以尽情反复练习，留意你的身体如何一步步地沉浸到冥想体验之中。）

当你感觉已经准备好了，将你的注意力移至你的身体和当下的感觉。集中注意力，从头顶开始，扫描你的身体，检视感到紧张、紧绷、温暖、刺痛或轻松的身体部位。花些时间感受你的头部、颈部和肩部，然后将注意力继续向下集中，检视手臂和手部的所有感受。继续往下，感受胸部和腹部、大腿至小腿，最后到你的脚掌和脚趾。（同样，这个过程可以持续任意时长。）

可以在你感觉有需要的部位多花些时间，练习的目的是与身体建立联结。当你感觉一切就绪，你就可以将自己的注意力收回至呼吸上，然后发散，感知你周围的环境，之后重回当下之所见、所闻。

未来自我日记：身体情绪检查

今天，我完成了感知自身情绪状态变化的练习。
我很感激能有机会让自己练习提升情绪成熟度。
今天，我做到了通过与自身身体联结，进一步地理解自身情绪的变化过程。
这样的改变让我感到与自己的内在情绪有了进一步的联结。
今天，我完成了检查自身身体感官的练习。

第二步：让身体重回平衡状态

现在，你已经更清楚地认识到你的身体因情绪而发生的变化，你可以开始尝试以下练习，帮助你的身体恢复到生理基线状态。请记住，每个人都是独特的，进行下列练习时，不同的人会得到不同的结果。花一些时间探索可以安抚自身情绪的方法，你可以尝试下列方法，并找出对自己

自愈力

最有效的那些。

我们需要培养的两种应对策略是：安抚和耐受。

安抚自身的方式

- 洗澡：泡在温水中有助于让身体镇静（如果家中有浴盐，也可以适当使用，浴盐将有助于肌肉放松）
- 给自己按摩：可以是很简单的脚底或小腿按摩，你可以在视频网站上找到各种各样针对不同压力点的教学视频，按摩有助于缓解压力
- 阅读：阅读那些你一直想读的书或文章
- 聆听、演奏或创作音乐：跟着感觉走
- 依偎：可以是与任何人或物，包括你的宠物、孩子、朋友、伴侣或一个舒适的枕头
- 运动（如果可以的话）：动起来就行
- 抒发情绪：可以尝试蒙着枕头尖叫、在淋浴时尖叫，或者为了避免扰邻，找一个空旷区域尖叫
- 写作：可以是一封信、一篇日记或一首诗，重要的是抒发自身感受（尽量不要写那些会让你受到刺激的事件，否则这会进一步激活身体的生理反应）

增强耐受的方式

- 休息：是的，就是休息，即使有时候你需要因此取消一些日程安排
- 稳定并控制情绪：让注意力回归你的五感，这将有助于让你更加

有安全感地沉浸于当下

- 呼吸练习：可以是简单地将一只手放在你的腹部，做两三次深呼吸，感受肺部的扩张和收缩，留意身体能量的转变。关于呼吸练习，你可以在视频网站和流媒体上找到大量的指导视频或音频

- 外出：将注意力转移到对外部环境的体验上，并留心感受各种稳定和平和的能量

- 反复默念正向语句：有意识地对自己反复默念诸如"你现在很安全""你能控制好""你是平和的"的话语

- 分散注意力：将你的注意力转移到除了自身情绪之外的任何东西上。是的，你没有看错，你已经练习过集中注意力，现在可以开始练习分散注意力

- 寻求支持：向一个能让你感到安全并且可以认真倾听你的想法和感受的人寻求支持。在分享自身感受之前，你可以先告知对方你希望他们做的是倾听（而不是像许多好心人那样为你提供建议）。同时还要记住一点，倾诉与情绪发泄是完全不同的，后者只能让你一次次重温激活你的情绪反应的事件，这常常会导致你进一步深陷其中

第 13 章
人际互倚，加强与他人的联结

　　情绪成熟的练习永远不会结束，它是一个关于自我意识和自我接纳的不断发展的日常过程。有时你会感觉到成长，有时你也会感觉到挫败。事实上，就在我写作这一章节的时候，我正经受着考验。

　　我刚过完并不顺心的一周，工作过度、身心俱疲。这时，当我看到网上还有一个陌生人在猛烈抨击我的时候，我感到自己的精力消耗殆尽了。我的意志消沉到了极点，再多来一条恶毒的留言我就可以哭出来。我想逃离我所建立的新生活，我讨厌像这样被人深深地误解。

　　我郁闷地在沙发上坐下，继续浏览着社交媒体，试图寻找另一则能够激怒我和让我难受的留言（我就是在寻求更多的伤害）。

　　"起来，我们走吧。"洛里催促道，"我们去海滩走走。"

　　这个提议本来可以完美打断我的自怨自艾。要是我去了，我还可以在威尼斯海滩边看到藻类发出的荧荧闪闪的生物光，但我还是拒绝了洛里的提议。

她独自去了海滩，任我自生自灭。于是我就继续沉浸在自我怜悯之中，并且越发感到愤怒。愤怒的小我开始编造故事："怎么每次我遇到问题她都敢这样离我而去？这简直就是侮辱！"即使我知道明明是我先拒绝了她的提议，但我的大脑还是止不住地编造出她辜负了我的戏码。此时的我已经对自己有足够的了解，我知道这个小我的故事是我的内在小孩长期以来挥之不去的创伤的投射，来自"我不重要"的核心信念。我知道这个过程更进一步地触发了我的核心信念："我好可悲，就连洛里都无法忍受待在我身边。"我的大脑开始停留在唯一一个念头上："我是孤独的，我是孤独的，我是孤独的。"

我已经能够洞察自己内心所有的想法，却仍然无法聚集足够的能量来帮助自己摆脱这些翻来覆去的想法。相反，我还让内在小孩花更多的时间去生闷气。终于，我决定放下手机，使用我仍在努力练习（并且已经与你们分享）的方法。首先，我从调整自己的呼吸开始，集中注意力感受空气进入和离开肺部的过程。我观察当下自身的生理反应，并一一识别我的感受：因焦虑而感到的刺激，因失望而感到的不安，因社交媒体上的负面情绪而感到的暴怒和冲动。我有意识地识别出这些感觉：愤怒、恐惧、悲伤。当小我又开始向我举例证明我多么没价值时，我就可以依靠自我意识对自己进行不加评判的观察，静静等待这些感觉消失。

随着我的意识开始掌控我的大脑，我问自己："此刻我可以做些什么来安抚我糟糕的感觉？"我走向洗碗池，边洗碗边重复着与小我所说的相反的信念：我是有价值的，我是被爱的，即使此刻我是一个人，我也并不孤独。在我将双手浸入温暖的肥皂水中，将注意力集中在身体动作上时，我的情绪能量得到了释放，

自愈力

我得到了足够的空间来观察自我的情绪状态：我只是累了，我承担了太多的工作，我让他人对我的批评占了上风，引起了整体的情绪崩溃。我不想在这里生闷气，我想和洛里一起去看美丽的东西。

我想，我可以选择继续待在这里靠洗碗来平复我的感受，我还可以选择让自己从习惯性本能的拉扯中解脱出来，做那天我本来就答应要做的事：去观赏美丽的蓝色海浪。终于，我决定抛弃束缚着我的自我厌恶。

我走到海滩，看见洛里正在凝视着那片蓝得不可思议的大海，她身边还有几十个人和她一样在欣赏着这大自然的馈赠。我走到洛里身边，和她一起观赏就像是超自然存在的绝美海景，没有说一句话。

我仍然是那个受伤的孩子，仍然会感到痛苦和被误解，仍然被自己的想法和感觉禁锢着，但我并不感到孤独。如果我选择让自己继续听从小我编造的故事，我就不可能出现在海滩上，不可能接触到美丽的自然景观。

站在海滩上的那一刻，不仅仅证明了我已情绪成熟，还证明了我能够与他人在情感状态上进行联结，尤其是我最爱的人。这是自我疗愈旅程的终极目标——从设定界限到寻觅内在小孩，再到自我重塑，一切都是为了让我们达到真正意义上的身心的完整和统一。

当我们为了联结到真实的自我而选择改变我们的思想和大脑，我们同时也激发了愉悦感、创造力、同理心、接纳能力、协作能力，它们最终帮助我们与更多的人融为一体。在第 11 章提到的史蒂夫·泰勒博士就在他研究的所有认知觉醒者身上发现，在经历了认知觉醒之后，研究对象都存在相似的在爱和共情、深层认知能力和内在平静程度方面的能力提升，而这些正是实现互倚所需要的品质，是整体疗愈法在真实性和联结性上的终极证明。自我疗愈之旅的每一个课题都是为了带领我们走向这一刻，让我们感受完整，回到纯粹的意识状态，与所有的真实感受联结。在这个过程中，我们实实在在地改造了我们的思想和身体，回归了最纯粹的灵魂表达。我们在自己身上找到了"神性"，这也会延伸到我们周遭的世界。

寻找自我疗愈者社群

至此，我还尚未分享我的自我疗愈旅程中的核心部分——寻找我的社群的过程。找到能够让自己有归属感的社群是人际互倚课题的终极目标。"社群"是一个灵活的概念，人们可以在线上社交网络、社区邻居、基于共同利益或爱好建立的社团和学校中寻找。我在最孤独的自我探索期找到了自己的社群，当时我觉得不会有人了解我新的自我认知。当时的我感到自己非常孤独，有一种"众人皆醉唯我和洛里独醒"的感觉。当时我正在进行重塑的课题，学习如何为自己设定界限，我结束了很多对我没有任何正面作用的人际关系，这也意味着我要与那些曾经的我所属的核心社群切断联系。我开始做出违背我往日习惯的选择：我不再在酒吧的折扣时段狂饮，不再制订过多的计划来压垮自己，放弃了会扰乱我的睡眠和晨练的熬夜习惯。

我已经进步了太多，我非常自豪，我的内在直觉敦促着我与他人以及更广阔的世界进行联结。与所有人保持隔绝不是我的本意，我想做的是找到能够让我有真正归属感的社群，分享我的见解，同时向他人学习。也就是在这时，洛里建议我在社交媒体上分享我的经历。当时，我还在费城，是一名普通的经受过主流心理学知识框架洗礼的心理治疗师，白天我还需要正常工作。我担心我的观点不仅会使许多同事与我疏远，还可能赶走一些老客户，我可是需要赚钱生活的。在这样的纠结之下，我觉察到了自己仍然未能真实地自我表达的事实。对于联结的渴望是我最初在社交媒体上发布自我疗愈之旅经历的主要动力，我试图寻找其他可能理解自我疗愈价值的同类，寻找能够明白身心整体健康的重要性的人。我在 2018 年创建了 theholisticpsychologist.com 这个网站，即刻我就打开了新世界的大门。我发现许多有着相似经历和认知的人也同样渴望着联结，大批的人表明了愿意更加深入地参与自我疗愈之旅的意愿。随着消息的不断扩散，我又有了另外一个计划：为这群人建立一个安全且有保障的、能够尽可能推进疗愈过程的社群。社群人数还在不断攀升，每一个投入自我疗愈的人都进一步地让我对自己的理念更加有信心，让我能全身心地投入对整体心理学框架的建设工作之中。

我逐渐接受了自己的导师角色，在将信息融入自身生活的同时，也将信息扩散开来。随着社群的扩大，社群为我提供的能量也越来越多，它是由有着共同理念的群体共同创造的，社群成员均踏上了类似的回归真实本质的灵魂旅程。在社群里，来自世界各地的人分享着他们的自我疗愈方法和经历，我输出得越多，得到的反馈也越多。越来越多的人加入这个社群，并分享自己的疗愈经验。随着我对于社群的适应性的提升以及个人的进一步成长和发展，社群也表现出了相似的成长轨迹，这就像是一场大规模的协同调节活动，社群内的交流成为我生命中最有意义的互动。我找到了属于自己的社群，并在此过程中找到了存在于自身思想内的力量，找到了自己的使命和更高层次的目标，找到了能让我倚靠的自我。

社群的力量

研究表明，每 5 个美国人中就有 3 个人感到孤独[83]。我个人认为这个数字会因人为因素而偏低，因为人们总是羞于承认孤独的感觉。在主流观念里，承认孤独就好像是在承认脆弱，像是在暴露自身的一些核心缺陷："我不被爱是因为我不够可爱。"在这一点上，我能从骨子里与其产生共鸣，我相信对许多人来说也是如此。

原始人类就以部落形式生活着。我们的祖先，不管他们来自哪里，都会因为安全性、分工、减少压力和获得生活各方面的相互支持的因素而选择在群体中生活。无论我们自认为是个人主义者还是集体主义者，每个人都需要他人的支持才能进一步成长。我们的身体和大脑本身就是为了联结而生。

联结是人类固有的内在需求，没有联结，我们就无法生存。这也就是为什么当今的研究人员认为，现在蔓延的孤独感实际上是一个亟待解决的公共健康问题。孤独感会增加自身免疫疾病和慢性病的发病率，在这一点上它和创伤一样。奥巴马总统和拜登总统执政时期的卫生部长维韦克·穆尔蒂博士在《携手共进：孤独世界中与他人联结的疗愈功效》一书中就指出："孤独感与心脏病、痴呆症、抑郁症、焦虑症、睡眠障碍，甚至过早死亡的风险呈正相关。"[84] 很明显，缺乏与外界的联结对我们造成的伤害不止于心理层面。

投入那些让我们产生矛盾感的人际关系（那些与我们真实意愿有冲突的关系）已被证实与孤独感一样不利于心理和身体健康。新闻工作者莉迪亚·德恩沃斯也在《友谊》一书中提到，超过半数的已婚夫妇都对他们的配偶抱持矛盾的观点。在我看来，所有会让人产生矛盾感觉的关系都基于创伤性联结而建立，并非基于真实的联结和爱。当你意识到自己有其他欲求和需要，你要如何与并不喜欢的人共度一生？生活中我们的许多人际关系，甚至包括一些最亲密的人际关系无法满足真我需求的原因，就在于我们本身与直觉自我的脱节。

幸运的是，对于已经寻觅到支持性伙伴、友谊和社群的人们来说，我们可以感受到人际关系对身心健康起到的积极作用：我们变得更快乐、更健康、更长寿。寻觅自己的社群不是单纯靠运气的事情，即使大多数情况下并不容易，但你可以选择坚持寻觅。研究表明，网络上的人际联结与现实生活中的联结同样有意义[85]。请相信，他们就在那里，等待你的来临。

真实的友谊

人际互倚是一种双向的真实联结状态，是既独立又统一的状态。只有当自身言行一致时，个体才能真实地与他人交流，与他人在精神、情感、生理层面建立真实的互惠关系。当然，并不是所有人际关系都会以相同的方式开展，也不是每一段人际关系中的双方都是平等互惠的。但只要我们能够正常表达我们的需求，开放地交流我们的界限，我们就可以进入一个安全地带。当我们能够信任我们的内在世界，确信自己有方法来应对生活中的大小考验时，我们就可以将这种信任感和安全感投射回我们的社群。我们对待自己的态度影响着我们对待他人的态度，反之亦然，一切都是相互关联的。

为了收获基于真实性的人际关系，首先你需要努力与真我实现联结和统一。只有这样，你才能感受到并回应你的内在直觉，找到你应该与之建立联结的人。我相信你已经有过这样的体验，有时只需要看一眼，你就知道这个人注定要出现在你的生活中。就是你灵魂的那一阵悸动，告诉你你注定要与这个人相交。

我是在尝试与自己重联的多年后，也就是踏上自我疗愈之旅之后才有这样的经历。我感到自己与内在更加统一，并且当我开始推广自我疗愈的相关内容时，我也对自己的内在精神力量产生了足够的信心。我确信，我推广的理念虽然可能不会与所有人产生共鸣，但一定会传达给注定会接受它的人。

我在那段时期认识了珍娜，她很早就加入了自我疗愈者线上社群。尽管只是网友关系，我依然能够通过她的评论感到我们之间的联结和共鸣，直觉的悸动就那样从屏幕里传了出来。

在威尼斯海滩举行的那一次免费公开的内在小孩冥想活动（就是在本书的前言中提到的，我为自己的社交媒体账号举办的第一场活动）结束之后，参与活动的人在我身边排起一条长龙。我向他们挨个问好，我被大家的谢意淹没，感到不知所措。几个小时后，我终于到了队伍的尽头，我注意到了队尾的那位女士，她将双手放在胸口并对我报以微笑。那天，就在我与那么多人打过照面之后，这位女士仍然让我感到了直觉的悸动，甚至无须开口，我就感觉到了我们之间的熟悉感，就好像我一直都认识她一样，就好像我们已经有过深入灵魂的交谈一样。

"我是珍娜。"她自我介绍道。

我简直不敢相信，在数千人中，我的直觉让我认出了她，随后我们聊了起来，为见面而感到兴奋。她递给我一副神谕牌，一副带有美丽插图的卡牌。她十分慷慨，因为这副牌对她来说是内在的一部分，这个礼物对我来说也同样意义重大。在之后的日子里，我都把它带在身边，它也是一年后我从费城搬到加州时带走的少数物品之一。

在进行冥想练习几个月之后，洛里和我才在网站上增加了"自我疗愈者社群"板块，提供自我疗愈相关的行为框架和方法。板块上线的第一天就很疯狂：一个小时内就有 6000 人注册，导致我们的系统都崩溃了。两天后，我个人也陷入了崩溃状态，我意识到工作量可能已经超出了自己的能力范围。咨询的需求过于庞大，我没有能力独自承担这一切。

就在我的脑海里闪过放弃的念头，准备叫停的时候，珍娜突然发来信息，说她感受到了内心强烈的指引，想要为我的项目伸出援手。"我想帮助你为这项活动做些什么。我们预见了同一个新世界，我们正在联手打造它，我感到这就是我的使命。我支持你，我愿意为这个项目的未来贡献一份自己的力量。我们聊聊吧！"那一刻就像是宇宙在给我们提示，它好像在说，只要我保持开放的态度，它会继续将正确的人安排到我的生命旅程中。

一天后，珍娜成为第一个加入我们团队的人。此后，她为我的项目中每一个工作环节尽心尽力。我可以肯定地说，我们每个人都需要学习倾听自己直觉的声音，因为只有这样我们才能实现这种偶然的幸运联结。当你的内外频率一致时，你就能够吸引那些有着同样频率的人。

集体概念的"我们"

我们现在已经知道，我们是在一种纯粹的海绵状态下来到这个世界的。在成长过程中，我们学习如何生存，如何驾驭未知的世界，逐步实现自我的分离，并学习通过人际关系定义自己。我们认识到我们是这样的，而不是那样的；我们了解我们喜欢这些东西，而不是那些东西。拥有分离的能力让我们能够定义"我们"与"他们"、"外在"与"内在"。而对于那些在互累的家庭中长大的人（比如我），这种将"我们"与"他们"、"外在"与"内在"分离的叙事就是核心身份认同中尤为根深蒂固的那部分。

伴随着自我疗愈的进程，我们会与带有婴儿时期特点的真我重新建立联结。许多人甚至根本不敢想象重回那种脆弱的状态，因为我们的小我在如此敏感、如此专注地试图保障我们的安全感。在这种状态下，我们没有足够的安全感去接触集体的"我们"或所有其他相互联系的团体。这种层层深入我们的心理、熟悉我们的条件反射机制、从我们的认知信念中抽离并观察我们的身体状态的过程，使我们能够认识到外界与我们的相似性——不仅是与我们所爱之人，还有我们所处的社群和整个社会。

当我们开始理解这种集体心态，我们的社会就会开始向利他主义和互惠迈进。利他主义看似是与"适者生存"相反的进化驱动力，但在现实生活中，利他才是实现人类物种永续性至关重要的一环。

在部落时代，每个人的独特表达使得更大的社群需求得到满足，因为每个个体都有自己的功能。当我们成为集体的"我们"的一部分时，个人的需要就是全体的需要。

只有当我们的神经系统保持开放和可联通状态时，我们才能参与这种集体的表达。只有当我们处于平和稳定的状态时，我们才能与他人联结并关怀他人。当我们进入让自身愉悦的社会参与模式，并处一个稳定、舒适的环境之中时，我们感知到的压力水平就会下降，迷走神经就能转换到我们所需的休息状态，我们就能够进入畅所欲言、自发的、自我疗愈和联结的黄金状态。为了实现真正意义上的联结，我们的身体必须完全地感到安全。

正如在前几章中所提到的，我们通过协同调节作用将自身体验传达给他人。通常，我们需要通过外界反馈来确定自身的内在状态，而内在状态具有传染性——当我们感到安全，其他人也会感到安全，反之亦然。内在状态的互相关联性是许多人一直无法与外界建立联结的重要原因，大多数人都有神经系统失调的问题，无法拥有足够的安全感，以至于无法与他人建立联结。这样的现象反过来会让我们感到更加孤独，更加悲观，更加缺乏处理生活中压力的能力。随着时间的推移，这种恶性循环也会持续，我们很快就会感到与外界的脱节，而这会诱发各类疾病，这就是最糟糕的一种情况。我们会被困在战斗、逃跑或冻结的反应中，在生理层面上彻底失去与外界建立真实联结的能力。这种内在状态还会投射至周围的人身上，由于他们也无法改善这样的状况，他们只能内化这种状态，这就进一步导致了全球普遍的孤独和脱节现象。这种无法与他人联结的情况不仅直接影响到我们与家庭和朋友的关系，还会影响到社会关系。没有一个人可以孤独于世，你不只是车轮上的一个齿轮，你的内在状态会塑造你的外在环境，无论好坏。

当我们感到安全，我们就会感到很舒适，在这种情况下，我们可以表达自己的内在感受，即使这种感受是失调的或消极的，我们也会相信自己可以在社群的帮助下回到生理基线状态。那些从不争论或从不发表不同观点的人实际上是被困在了一个失调的神经系统之中，他们自发地抑制了自己可能要遭受的压力。获得亲密关系首先需要表达真实自我的能力（尽管通常情况下真我可能会显得负面和阴暗），需要不用担心被误解或遭到责备和报复的环境。当我们处于一个以相互尊重为基础的安全空间，我们就可以毫无恐惧地表达自己的不同意见，并且仍然可以恢复神经系统稳态。我们有能力返回稳态这一认知，能够赋予我们容忍不适的情绪韧性，此时失调的神经系统会被正向的协同调节作用所代替，使得通过协同调节作用联结到的所有人都有能力建立起对内在精神力量的核心信念和信任。

值得注意的是，对于原住民和有色人种群体来说，由于他们面临着社会系统性失衡，这些人会发现自己持续地被困在一个生来就失衡的社会系统之中，他们失调的神经系统几乎不可能完全得到恢复。我们的社会早就应该为这个现象的改变做出努力，我们需要的是一个能够让所有人感到安全和有保障的社会环境。

所有人都应该平等地得到发展自身韧性的机会，以处理各自生活中不断变化着的压力，并回到一个安全区域。当我们每个人都在有意识地改善内在世界，以建立对我们有支持作用的关系网时，最终因此受益就是全人类。这就是互惠的本质，它会将全人类联系在一起，没有"我们"与"他们"的差别。

　　　　　　　　　　　　　　　　　　　　自愈力

在打破个体之间的隔阂和障碍之后，我们就可以感知那些超越人类理解力的事物。这可以是与你的信仰或你的祖先交流、体验孩童的降生、花时间在户外放松，或是让自己沉浸在欣赏艺术的感动之中。这是一种可以在顷刻间发生却又影响广泛的一体体验，这种体验可以激发出不可描述的、崇高的敬畏感[86]。研究人员发现，这种感觉源于人类面对未知时的进化本能，这种感觉促使我们的祖先为了日常生活的正常进行和理解生命奥秘而与他人进行联结。例如，日食发生的时候，集体的敬畏感会将我们联结在一起，共同欣赏生命的美丽和恐怖，并在日食结束后让我们感到更安全。

让自己与敬畏感联结的唯一方法，就是保证我们能够与身边的人和社会进行心灵层面的交流。人类存在的本质是每个人内在的独特灵魂，用奥格拉拉苏族酋长布莱克的话说："最重要的平和来自灵魂层面，人类可以在这个层面上感知到自己与宇宙及其所有力量的关系和一体性，人们可以感知到在宇宙的中心还存在着更高级的生命形式，并且理解这个宇宙中心是无处不在的，它根植于每个人的内心。"[87]

在本书的序言，我提到超越性的觉醒体验很少发生在刻板的生活环境中，它更多地发生在山顶上或溪流旁。灵性的提升可能会让人感到不知所措，一旦你向身心灵的疗愈迈进，就可以重获与更大的宇宙相联结的能力，得到更多种形式的超越体验。当你剥开小我的伪装，与自身最纯粹、最真实的部分联结，当你以开放的状态接触你的社群，你的觉醒时刻就会到来，也正是这些时刻使得真正的开悟和疗愈变得可能。

当你疗愈了自己，你也就疗愈了周围的世界。

开启自我疗愈之旅：评估你的人际互倚关系

对许多人，特别是像我一样有互累型行为制约的人来说，发展人际互倚关系需要时间。你可以尝试以下步骤：

第一步：评估你目前的人际互倚关系（或是否尚未建立这种关系）

为了对自己的人际关系有更深的认知，请花一些时间观察自己在以下方面的人际互倚程度。

- 你是否能够在所有的关系中都自如地建立并维持明确的界限？或者你是否需要再花一些时间来确定和设置一些新的界限？ _____

- 你是否能够为与自己和他人的开放沟通和情绪处理留出空间？或者你是否需要花一些时间来识别自己的情绪，需要在与自己交流之前休息一下？ _____

- 当你发现自己的真实感受和想法与他人的冲突时，你是否依然可以自如地表达？或者你是否会因为想象他人可能的反应而感到恐惧、羞愧或内疚？ _____

- 当你行动时，你是否清楚自己的意图？你是否明白自己做选择时的驱动力？你是否能够确定自己在某段经历和关系中的需求？还是你需要更多的时间来练习自我观察？ _____

- 你是否能够观察你的小我（和影子自我），不放任它控制你的行动？还是说针对日常生活的这一方面你还需要更多的练习？

    _____

第二步：建立人际互倚关系

根据你在步骤一中的回答来确定你想改善的领域，开始做出新的选择，

自愈力

以支持你实现建立人际互倚关系的目标。先从其中一个方面入手，用下面的例子，试着每天设定一个小目标，以达成最终的转变。

未来自我日记：建立人际互倚关系

今天，我练习了人际互倚关系的建立。
我很感激有机会建立更充实的人际关系。
今天，我能够真实地表达自己，并且仍能感到与他人的联结。
这方面的改变让我感到自己与真我和自我需求有了更深入的联结。
今天，我完成了向伴侣吐露最近争吵时我的真实感受**的练习。**

非常感谢有勇气、有开放心态、有自信的你与我一起踏上了自我疗愈之旅。请记住，这个旅程是持续的，它将随着你的成长和变化而改变。写作本书的目的是为了说明，疗愈完全有可能发生。当你踏上自我疗愈之旅，你的生活也就成了对于这种可能性的强大且生动的证明。下面我将为你列出"自我疗愈的一天"的日常活动，当然这是我个人的日常疗愈活动，仅供参考。我希望你也能拥有属于自己的日常自我疗愈活动，你可以选用能够与自己产生共鸣的部分，忽略其他方面。你才是自己最好的治疗师。

自我疗愈的一天

平衡你的身体
通过以下问题来判断自身身体的需求：

•哪些食物能让你的身体感觉良好，哪些食物不能？

- 多长时间的睡眠（以及在什么时候入睡）能让你的身体感到精力充沛？
- 多少运动量（以及什么时候运动）有助于你的身体释放积压的情绪？

通过日常运动（如呼吸练习、冥想或瑜伽）来调节迷走神经，以平衡你的神经系统。

平衡你的内心

- 让自己拥有更多的意识唤醒和自我观察的时刻。
- 识别小我编造的故事和影子自我，留意小我的故事驱动多种情绪反应的过程。
- 养成每天与内在小孩对话的习惯，开启自我重塑的过程，培养明智的内在父母以识别并满足自己独特的生理、情感和心理层面的需求。

联结你的灵魂

- 探索并与自己最深层的愿望和热忱重新联结，尝试尽可能地在各种场景下表达真实自我。

信任自己，不断成长

当我开始有写书的想法，并尝试在脑海中搜集我想要分享的职业生涯和个人生活中所有有意义的时刻时，我才发现能够回忆起来的片段并不多。我的大脑仍然承受着童年创伤的后果，身体仍在与神经系统反应纠缠，以至于我仍然无法看清与自己脱节的过去。在我的记忆中有许多空白点，其中最让我恼火的是，我无法回忆起我在经过纽约市鲁宾艺术博物馆时看到的那句话的确切措辞——正是那句话让我对意识的概念有了新的认识，并将我推进一个全新的临在状态。可是无论我多努力，搜索了多少名人名言，或查看了多少本展览图册，我就是没有找到那句话。

与此同时，我在加州的新生活仍在继续。我开始重新规划我的日常生活，却发现自己还是会不时想重回旧的行为模式中去。我开始哀悼那个"旧妮可"，尽管我明确知道那样的生活已经配不上现在的"更好的我"，但旧模式还是会让我感到安全和熟悉。

在我经历着情绪混乱的同时，整体心理学的资讯也像野火一般在全世界蔓延，超过 200 万人关注了我的社交媒体账号，并发布了相关帖子，参与到这场自我疗愈之旅中来。这一切的发生迅速到连我自己都无法理解。我感到很高兴，很有成就感，同时也感到不知所措。我的内在小孩，如此渴望被看见和被爱的内在小孩，此刻在被这么多双眼睛注视的压力下开始颤抖。我害怕被误解，当我不可避免地被误解时，我就会觉得自己很失败。

之后，一场全球性疫情袭来，很多事情来不及多想就被抛诸脑后。我们开始每天都目睹着这么多的痛苦、折磨和创伤，同时也无一例外地被牵连其中。在这样一个完全不合逻辑的新世界里，压力汹涌而至，我们的精神和身体都在挣扎。我也与许多人一样，多年来第一次感到无法投入自己的疗愈之旅，这体现在我不再有动力下厨——长久以来这是我很重视的一项日常自我关怀活动，我喜欢以这种方式为自己和所爱的人补充能量。在居家隔离期间，我真的感到自己没有足够精力胜任做饭这项任务。一天晚上，洛里、珍娜和我一起浏览外卖网站，我们决定点个比萨。我们随手搜到一家可选无麸质饼底的商家，我从来没有在那家餐厅吃过东西，甚至没有听说过它，选择这家店也完全是基于网上的评论。

之后外卖到了，比萨盒就放在门前，当我把盒子举高，我注意到盒子侧面有一些可爱的文字，结果一读我差点儿把盒子摔了。我长时间以来苦苦回想却无法记起的那句话就在上面，直接送到了我的门前！"我们记住的不是某一天，而是某些时刻。"——切萨雷·帕韦泽

正是这句话将我送进自我探索的"兔子洞"。在这个世界上，有数以亿计的名言警句，唯有这句话一直在我脑中回响，提

醒着我要关注自己内在的成长。过去的一些时刻、一些场景在我的脑海中快速闪回——对着燕麦糊啜泣、第一次晕倒在公寓游泳池、童年在家里的厨房桌子下踩玩具车……这一切都好像刚刚发生过，它们都是我当下的、过去的、将来的一部分。对找回这句话的感激之情充满了我的每一个细胞，我慢慢调整呼吸，过了好一会儿才终于平复下来。

如果说那个比萨盒又直接带领我进入了个人和灵性成长的下一阶段，倒也有点儿夸张，但它确实帮助我再次确认了我的自我信任和自我意识。曾经的我浑浑噩噩，深受创伤，意识也未觉醒。如今，尽管生活中还是不断地有小插曲，但至少我仍然维持着意识自我的状态。可以说，是那个比萨饼盒给了我信心，让我做出另一个出于自我意识的选择：我决定重新与我的家人建立联结。

当初我设定硬性界限来完全切断与他们的联结，是因为我需要一个完全不受家人强有力的观点影响的环境，从而找到真正的自我。好在我做到了，所以我才能够有生以来第一次清晰地认识自己，看见自己的强项和弱点，找到自己的内在小孩，也承认并接受了自己的创伤。我之所以强制性地执行着与家人零沟通的原则，是因为我离我信任的那个自我，还总是差一点儿。我能感觉到，那个能让我重回关系成瘾状态的滑坡还在那里，硬性界限对联结到真实自我来说是必需的。坚持这个界限能够帮助我更进一步地、更加诚实地面对自己和他人，最终才有可能与这本书的所有读者联结。切断与家人的联结对我来说是尝试重新联结的完美条件，是我少有的机会。

与家人和解的过程始于一封信，信很短，内容也很简单，大意就是：

> 我已经准备好和解，愿意重新建立联系，如果你们也愿
> 意，请回信。

这是我已经准备好打开沟通之门的讯号，我确实得到了家人的回应。他们内心还是有些犹豫不决，但他们愿意尝试一把。他们告诉我，他们也将之前我们之间留出的空间视为一个机会，也开始了他们自己的疗愈之旅。

我也不知道重建后的关系会怎样，我选择让它自然发生。我送给自己这份开放心态和好奇心，来探索这段基于内在的"自我信任"和"自爱"而建立的关系的可能模样。对于它将给生活带来的一切，我都感到兴奋。

每时每刻，我们都在做着选择：我们可以选择活在过去，我们也可以选择向前迈进，选择去设想一个完全不同的未来。无论我们为自我疗愈付出了多少努力，我们都有可能重回旧行为模式的循环中去——这种倾向来自潜意识本身，它就是有拥抱熟悉的行为模式的冲动。我们是有选择的，我们可以选择打开那扇完全陌生和未知的大门。我们现在已经清楚地知道，如果那扇门通往的是对自己无益的道路，我们具备发现并马上转身离开的能力，我会关闭那扇门，再去尝试打开另外一扇。

至此，我的家庭成员都以各自的方式开始了自己的转变。我姐姐也加入了这趟疗愈之旅，我也从一个需要接受家庭关系心理治疗的人转变成今天这个有能力自主重建家庭成员关系的人。有天，我知道父亲出门了，于是就给母亲打了一个电话，试图帮助

她，缓解她的孤独感。我这么做不是出于义务，只是因为我想这么做，并且事后我感觉很棒。

坦白地说，我与家人的关系目前给我的感觉是，我仍然在摇摇晃晃的桥上努力保持平衡，我还在寻找适合我的方式来支持我的家人。我仍然在学习，仍然在为之努力。在每一次与家人的互动中，我仍然需要向我的直觉寻求指导，但我完全相信，最终我一定能够做出正确的选择。

这就是自我疗愈之旅的全部内容：赋予自己选择的权利。我们可以选择对待自己身体的方式，选择自己在人际关系中的表达方式，选择创建自己的现实的方式，选择设计自己的未来的方式。无论你选择了哪一条路，无论结果如何，只要这个选择是基于你的意识自我，且在这个过程中你能够保持自我信任，你就有能力应对。人生的漫漫长路上不会有地图，不会有导航，不会有导师，不会有圣人，不会有可供你核对进度的清单，也不会有吃一颗就见效的灵丹妙药。

唯有你自己有能力创造你的世界，你的能量和想法构造了你的周遭世界。不可否认，有些事情是我们无法控制的，但你要知道，我们确实有能力控制自己体验世界的方式。我们可以改变照顾自己的方式，我们可以改变对周围环境的认知方式，并且选择与所爱之人建立联结，我们可以改变我们与自我联结的方式，并且基于此改变我们与宇宙联结的方式。我们总会找到成长、进步和觉醒的道路，最终完全融入集体之中。本书的重点是让我们回到真实的本质，找回纯粹的自我意识，在我们重回旧日的行为模式之前认清自己真正的需求。每个人都希望与集体的"我们"重新联结，由此发现各自内心深处的自我赋权之源。

　　没有人能够预见未来，但直觉、自我信任、情绪体验是我们的伙伴，它们会帮助我们做出最佳选择。这就是自我疗愈的意义：在无常的生活中，培养正确抉择的能力，学会自我信任，不要去预设某种结果并为之烦忧。

自愈力

致 谢

能够有机会分享这本书，并看着"自我疗愈者"话题下的社群日益壮大是我此生最大的荣幸。来自世界各地的每位参与者都是自我疗愈的生动例证，你们的故事使得本书得以诞生。我永远感激你们对我的见解抱有的支持和信念，你们也让我对自己有了信心，让我能够继续走下去。每一位选择疗愈自我的人，都会鼓舞另外一个人踏上自我疗愈之旅，所以你们每一个人都在改变我们集体的未来。

感谢艾里，她与我并肩站在真理之中。艾里的故事说明了我们每个人身上都具备无限的可能性，能将她的疗愈故事分享出来是我真正的荣幸。

感谢我的父母，我相信是我选择了他们。他们的故事、他们的爱，以及他们自己未能解决的创伤，都引导着我去疗愈自己的创伤。我分享自己的自我疗愈之旅，是为了他们以及他们之前的每一代生来自带羞愧感却又无法获得正确引导的人们。他们教会了我要承担起责任，成为本真的自己，谢谢他们允许我去回忆我们之间的故事。

感谢我所有的精神导师，他们打破范式、开辟道路，对此我的感激之情无以言表。我已经了解到，这个旅程本身就是困难和孤独的，是他们的智慧先于传统理论教学体系打开了我的心门。他们的勇气激发了我的勇气，我得以说出我眼中的真相，我也期待读者可以像他们启发我那样受到启发。

感谢我的经纪人达多·德维斯卡迪奇，在写作本书的过程中，他一直是一个充满爱的明智向导。他第一次向我提起他想出的这个书名时，我全身都在发抖。他的出发点是想让世界变得更美好，能与他并肩工作是一种荣幸。

此外，没有哈珀卫夫出版社（Harper Wave）团队的支持，我也不可能完成我的第一部书。是他们看到了整体心理学的前景，并相信世界也应该看到它。谢谢凯伦、朱莉、叶莲娜、布莱恩和其他帮助出版这部作品的哈珀卫夫团队成员。特别感谢每一位国际出版商，尤其是皮帕·赖特和她猎户星出版集团的团队，感谢他们相信这部作品应该被翻译成其他语言进行传播。

我很幸运，我拥有一个团队，团队之中都是拥有自我觉知的美丽的人，团队中的每一位都是自我疗愈之旅的实证，我们正在共同创造一个能够使更多人认识，甚至参与自我疗愈之旅的空间。

感谢珍娜，在我孤独地走过了漫长的时光之后，她终于与我相遇，与我携手为更大的集体服务。感谢她倾听内在的召唤，无畏地出现在这项运动中，并成为其中不可或缺的一部分。她的心灵蕴含着纯洁的爱，是我每日得以持续成长的灵感来源。千言万语也无法言尽我的感激之情。

　　　　　　　　　　　　　　　　　　自愈力

洛里，我生活和事业的好伴侣，感谢她看见并选择了我。她在我的提升旅程中不断给予我挑战，她在我尚未知道如何相信自己之前就选择相信我。她教会了我一种新的爱的方式，这种爱为我提供了一个以诚相待的空间，使我最终能够看清并承认关于自己的一切。她怀着信念，坚定地坚持着我们的愿景，每一天，她都选择与我并肩站在真理这一边。我许诺，我将让这一愿景之光永不熄灭。

　　亲爱的读者，当你选择拿起本书时，你就已经准备好了，你已经踏上了回家的旅程，将找回本真的自我。我相信你们每一个人都具有无限的潜力，我会继续与你们携手走过这段旅程。本书献给每一个被自由召唤的人。我看见了你们每一个人，向你们致敬。

整体心理学术语表

应变稳态（allostasis）：从应激反应状态（战斗或逃跑）过渡到平衡状态的生理过程。

分析脑（analytic mind）：大脑的思维部分，位于前额叶，其功能是解决问题和做出决策。

依恋关系（attachment）：受儿童早年与父母的关系影响的人际关系或联结。

真爱（authentic love）：允许双方提升的安全空间，其中的每个人都能感到自己被看到、被听到，且能够真实地表达。

自主神经系统（autonomic nervous system）：人体中枢神经系统的一部分，参与调节非自主功能，如心跳、呼吸和消化。

自动导航模式（autopilot）：靠潜意识生活的状态，按照模式化（习惯性）行为制约行动。

行为效仿（behavior modeling）：通过自己的行动、选择和人际交往模式向他人展示的行为。

信念（belief）：基于实际经验所得的理念。信念基于多年养成的思维习惯而建立，并形成神经通路。增强信念需要内部和外部的验证。

界限（boundary）：在自己和他人之间建立的一种保护性限制，以确定行为的界限。清晰的界限使得每个人都能够尊重自身需要，为真实联结的建立提供了基础。

条件作用（conditioning）：孩童早年从父母式人物、权威人士和整体文化环境中习得的应对机制、习惯和核心信念。

意识（consciousness）：自我意识的当下状态，可以支持人们进行自主选择的状态。

应对策略（适应性和非适应性）[coping strategies (adaptive and maladaptive)]：为让自己重新感到安全而采取的行动。

核心信念（core beliefs）：基于我们的生活经历形成，是我们对自身形象的最深刻的看法。核心信念在 7 岁前形成，深植于潜意识之中。

协同调节（co-regulation）：在安全有保障的情况下，人与人之间为了处理困难和压力而产生的沟通与交流。例如：当一个孩子或婴儿处于压力之下，母亲选择使用舒缓的语气和 / 或抱着孩子，同时体会孩子的感受。

皮质醇（cortisol）：一种参与战斗或逃跑反应的压力激素，它激活身体，使其选择直面或逃离所面临的威胁。

批评型内在父母（critical inner parent）：将否定自己的认知或需求、情感和想法的父母内化的产物。

解离状态（dissociation）：一种适应性压力应答反应，是精神在面对无法承受的压力时产生的脱离身体、麻木或停止工作的状态。

容忍度（心理承受能力）[distress tolerance (endurance)]：感知和承受不适情绪并成功调节的能力。

失调（dysregulation）：神经系统的生理失衡状态。

自我中心状态（egocentric state）：在孩提时期形成，无法理解除自己以外的任何观点或意见，并且认为所有事情只因自己的存在而发生，进而导致错误的认知，认为他人的行为全是自我身份的投射。

小我意识（ego consciousness）：对小我的完全认同，这种意识状态常常导致过度的反应、防御和羞愧。

情绪成瘾（emotional addiction）：潜意识对熟悉的情绪状态的无意识驱动。在这种状态下，身体的神经系统和神经递质会激活压力激素分泌。

情绪发泄（emotional dumping）：无法考虑他人当下的情绪状态或与之产生共情，将情绪问题完全宣泄给另一个人的行为。

情绪不成熟（emotional immaturity）：由于无力调节个人内在的不适，而无法为他人的想法、意见、感受或观点保留空间。

情绪成熟（emotional maturity）：调节自己的情绪，以促进灵活的思考、开放的沟通，以及在压力环境下的情感韧性的能力。

情绪调节（emotional regulation）：以灵活、宽容和强适应性的方式应对压力，使神经系统回到基线状态的能力。

情绪韧性（emotional resilience）：面对各种情绪状态都能灵活处理和快速复原的能力。

赋权意识（empowerment consciousness）：因对小我的理解和接受而创造出自我意识空间，进而使自己能够做出超越小我制约之外的选择。

纠缠状态（enmeshment）：一种缺乏界限、缺乏共享情绪的相处模式，会进而导致缺乏个人独立性和自主性。

肠神经系统（enteric nervous system）：自主神经系统的一部分，负责管理肠道的所有活动。

战斗或逃跑（fight or flight）：为了避开可能对自身产生威胁的环境而触发的神经系统反应。

未来自我日记（future self journaling）：为了使改变持续而创造的一种科学的、可以帮助建立新的神经通路和情绪状态的记录方法。

保有空间（holding space）：在他人表达情绪和讲述经历时，参与者完全沉浸、对其保持好奇，并且不评判或试图改变他们的互动空间。

整体心理学（holistic psychology）：一门实用的疗愈学科，强调身心的统一和整体疗愈法，鼓励人们探索病症起因而非压制它们，并承认宇宙间存在的内在联系。

内稳态倾向（homeostatic impulse）：在心理和生理层面上不自觉受到熟悉的事物牵引的倾向，也被称作习惯自我。

内稳态（homeostasis）：不受外部环境变化影响，始终保持相对平衡的内部状态和神经系统状态的能力。

内在小孩（inner child）：心灵的潜意识部分，是我们未被满足的需求、被压抑的童年情绪、创造力、直觉以及玩乐能力的载体。

内在小孩创伤（inner child wounds）：将孩提时期的身体、情感和精神需求（被看见、被听见、真实地表达）未被满足的痛苦经历带入成年生活的表现。

人际互倚（interdependence）：一种相互支持、富有安全感的人际联结状态。参与者允许彼此的界限存在，允许彼此自主和充分地表达自我。

直觉（intuition）：个体内在的认知和洞见，能够将我们引向真正的人生道路。

直觉自我（intuitive self）：超越所有行为制约和应答制约而存在的最真实

的自我，灵性觉知层面的自我。

心猿状态（monkey mind）：不可抑制的胡思乱想状态。

消极偏见（negativity bias）：大脑在进化过程中形成的优先处理负面信息的情况。

神经可塑性（neuroplasticity）：基于日常生活经验，大脑形成、改变和适应新通路的能力。

反安慰剂效应（nocebo effect）：由于患者对医疗或预后抱有消极期望而最终导致不良结果的效应。

规范性压力（normative stress）：人生中普遍存在的可预知的压力事件，例如出生、结婚和死亡。

副交感神经系统（parasympathetic nervous system）：自主神经系统的分支（亦可称作"休息和消化"系统），负责保存能量、降低心率和放松胃肠道肌肉。

安慰剂效应（placebo effect）：经由研究发现的通过惰性物质（如糖丸）改善疾病的效应。

多层迷走神经理论（polyvagal theory）：由精神病学家史蒂芬·伯格斯创建，认为迷走神经在中枢神经系统调节中起核心作用，能够影响社会联系、恐惧反应、心理和情绪健康。

前额叶（prefrontal cortex）：大脑中负责管理复杂功能——如解决问题、做出决策、规划未来和复盘——的区域。

心理神经免疫学（psychoneuroimmunology）：一门致力于研究心理、神经系统和免疫系统之间复杂的相互作用关系的分支学科。

自我重塑（reparenting）：通过特定的日常行为来满足内在小孩在生理、情感和心理需求上的缺失。

网状激活系统（reticular activating system）：一束位于脑干区域帮助过滤环境中的刺激的神经，对个体维持惯性行为、觉知、自我意识和动力起着关键作用。

自我背叛（self-betrayal）：个体于孩提时期习得的应对机制。为了让他人看见、听见并接受我们，而否认自身一些真实的部分。

影子自我（shadow self）：因制约作用和羞耻感而被压抑或否认的自我中"不受欢迎"的那部分。

社会参与模式（social engagement mode）：个体能够感觉安全，进而愿意保持开放、接受与他人的联结的神经系统调节状态。

　　　　　　　　　　　　　　　　　　　　　　　　　　　　　　自愈力

安抚（soothing）：安抚自身情绪，并使之恢复到平衡状态的行为。

精神创伤（spiritual trauma）：由于感觉自己没有被看见、被听见，或感觉自己失去自由表达真实自我感受的能力，而导致与真实的自我脱节并产生痛苦、孤独和内在羞耻的过程。

潜意识（subconscious）：承载着我们所有的记忆、受抑制的情感、童年创伤和核心信念的那部分深层心灵。

生存脑（survival brain）：由于对感知到的威胁的过度反应，进而养成非黑即白的思维模式和情感上的短视，并触发恐慌感的神经系统状态。

交感神经系统（sympathetic nervous system）：自主神经系统的一部分，控制着负责感知压力的战斗或逃跑反应。

创伤（trauma）：由于个体缺乏情绪调节、处理或放下事件的能力进而导致神经系统失调的过程。根据每个个体不同的行为制约和反应机制，创伤对每个人的影响都不同，无法被量化。

创伤性联结（trauma bonding）：基于对早年与父母的依恋关系的模仿或重演而与他人建立联结。创伤性联结通常包含情感遗弃、缺乏界限、纠缠状态或冷暴力等相处模式，在恋爱关系和精神关系中均可发生。

迷走神经（vagal tone）：神经系统在应对日常压力时在交感神经和副交感神经激活状态之间转换的能力。脆弱的迷走神经将会导致我们做出错误的反应，使个体在感知环境中的威胁时过于敏感，进而会使得身体应答反应过度活跃，最终导致个体情绪和注意力的整体调节能力下降。

明智的内在父母（wise inner parent）：在自我重塑阶段养成的不加评判地观察自己的内在表达和叙事的能力。明智的内在父母能够基于爱的意识去看到、听到、承认和尊重所有的情绪状态、行为和反应。

1. LePera, N. (2011). Relationships between boredom proneness, mindful-ness, anxiety, depression, and substance use. *The New School Psychology Bulletin, 8*(2).

2. McCabe, G. (2008). Mind, body, emotions and spirit: Reaching to the ancestors for healing. *Counselling Psychology Quarterly, 2*(2), 143–152.

3. Schweitzer, A. (1993). *Reverence for life: Sermons, 1900–1919*. Irvington.

4. Mantri, S. (2008). Holistic medicine and the Western medical tradition. *AMA Journal of Ethics, 10*(3), 177–180.

5. Mehta, N. (2011). Mind-body dualism: A critique from a health perspective. *Mens Sana Monographs, 9*(1), 202–209.

6. Lipton, B. H. (2008). *The biology of belief: Unleashing the power of consciousness, matter & miracles*. Hay House.

7. Kankerkar, R. R., Stair, S. E., Bhatia-Dey, N., Mills, P. J., Chopra, D., &Csoka, A. B. (2017). Epigenetic mechanisms of integrative medicine. *Evidence-Based Complementary and Alternative Medicine*, Article 4365429.

8. Nestler, E. J., Peña, C. J., Kundakovic, M., Mitchell, A., & Akbarian, S. (2016). Epigenetic basis of mental illness. *The Neuroscientist, 22*(5), 447–463.

9. Jiang, S., Postovit, L., Cattaneo, A., Binder, E. B., & Aitchison, K. J. (2019). Epigenetic modifications in stress response genes associated with childhood

trauma. *Frontiers in Psychiatry, 10*, Article 808.

10. Center for Substance Abuse Treatment. (2014). *Trauma-informed care in behavioral health services*. Substance Abuse and Mental Health Services Administration.

11. Lipton. *The biology of belief.*

12. Fuente-Fernández, R. de la, & Stoessel, A. J. (2002). The placebo effect in Parkinson's disease. *Trends in Neurosciences, 25*(6), 302–306.

13. Lu, C.-L., & Chang, F.-Y. (2011). Placebo effect in patients with irritable bowel syndrome. *Journal of Gastroenterology and Hepatology, 26*(s3), 116–118.

14. Pecina, M., Bohnert, A. S., Sikora, M., Avery, E. T., Langenecker, S. A., Mickey, B. J., & Zubieta, J. K. (2015). Association between placebo-activated neural systems and antidepressant responses: Neurochemistry of placebo effects in major depression. *JAMA Psychiatry, 72*(11), 1087–1094.

15. Ross, R., Gray, C. M., & Gill, J.M.R. (2015). Effects of an injected placebo on endurance running performance. *Medicine and Science in Sports and Exercise, 47*(8), 1672–1681.

16. Lipton. *The biology of belief.*

17. Brogan, K., & Loberg, K. (2016). *A mind of your own: The truth about depression and how women can heal their bodies to reclaim their lives.* Harper Wave.

18. Meador, C. K.(1992).Hexdeath:Voodoo magic or persuasion? *Southern Medical Journal, 85*(3), 244–247.

19. Holder, D. (2008, January 2). Health: Beware negative self-fulfilling prophecy. *The Seattle Times*. https://www.seattletimes.com/seattle-news/health/health-beware-negative-self-fulfilling-prophecy/.

20. Reeves, R. R., Ladner, M. E., Hart, R. H., & Burke, R. S. (2007). Nocebo effects with antidepressant clinical drug trial placebos. *General Hospital Psychiatry, 29*(3), 275–277.

21. Kotchoubey, B. (2018). Human consciousness: Where is it from and what is it for. *Frontiers in Psychology, 9*, Article 567.

22. Dispenza, J. (2013). *Breaking the habit of being yourself: How to lose your mind and create a new one.* Hay House.

23. van der Kolk, B. (2015). *The body keeps the score: Brain, mind, and body in the healing of trauma*. Penguin Books.

24. Langer, E. J. (2009). *Counterclockwise: Mindful health and the power of possibility*. Ballantine Books.

25. Cacioppo, J. T., Cacioppo, S., & Gollan, J. K. (2014). The negativity bias: Conceptualization, quantification, and individual differences. *Behavioral and Brain Sciences, 37*(3), 309–310.

26. van der Hart, O., & Horst, R. (1989). The dissociation theory of Pierre Janet. *Journal of Traumatic Stress, 2*(4), 397–412.

27. Bucci, M., Gutiérrez Wang, L., Koita, K., Purewal, S., Marques, S. S., & Burke Harris, N. (2015). *ACE–Q user guide for health professionals*. Center for Youth Wellness. https://centerforyouthwellness.org/wp-content / uploads/2018/06/CYW-ACE-Q-USer-Guide-copy.pdf.

28. Bruskas, D. (2013). Adverse childhood experiences and psychosocial well-being of women who were in foster care as children. *The Permanente Journal, 17*(3), e131–e141.

29. van der Kolk. *The body keeps the score*.

30. Scaer, R. (2005). *The trauma spectrum: Hidden wounds and human resiliency*. W. W. Norton, 205.

31. Gibson, L. C. (2015). *Adult children of emotionally immature parents: How to heal from distant, rejecting, or self-involved parents*. New Harbinger Publications, 7.

32. Dutheil, F., Aubert, C., Pereira, B., Dambrun, M., Moustafa, F., Mermillod, M., Baker, J. S., Trousselard, M., Lesage, F. X., & Navel, V. (2019). Suicide among physicians and health-care workers: a systematic review and meta-analysis. *PLOS ONE, 14*(12), e0226361. https://doi.org/10.1371 /journal. pone.0226361.

33. Krill, P. R., Johnson, R., Albert, L. The prevalence of substance use and other mental health concerns among American attorneys. *Journal of Addiction Medicine 10*(1), January/February 2016, 46–52, doi: 10.1097 / ADM.0000000000000182.

34. Dutheil, F., Aubert, C., Pereira, B., Dambrun, M., Moustafa, F., Mermillod,

M., Baker, J. S., Trousselard, M., Lesage, F. X., & Navel, V. (2019). Suicide among physicians and health-care workers: a systematic review and meta-analysis. *PLOS ONE, 14*(12), e0226361. https://doi.org/10.1371 /journal. pone.0226361.

35. Lazarus, R. S., & Folkman, S. (1984). *Stress, appraisal, and coping*. Springer.

36. Maté, G. (2003). *When the body says no: The cost of hidden stress*. Knopf Canada.

37. Punchard, N. A., Whelan, C. J., & Adcock, I. M. (2004). The Journal of Inflammation. *The Journal of Inflammation, 1*(1), 1.

38. van der Kolk. *The body keeps the score*.

39. Matheson, K., McQuaid, R. J., & Anisman, H. (2016). Group identity, discrimination, and well-being: Confluence of psychosocial and neurobiological factors. *Current Opinion in Psychology, 11, 35–39*.

40. Paradies, Y., Ben, J., Denson, N., Elias, A., Priest, N., Pieterse, A., Gupta A., Kelaher, M., & Gee, G. (2015). Racism as a determinant of health: A systematic review and meta-analysis. *PLOS ONE*, Article 10.1371. https:// journals.plos.org/plosone/article?id=10.1371/journal.pone.0138511.

41. Goldsmith, R. E., Martin, C. G., & Smith, C. P.(2014).Systemic trauma. *Journal of Trauma & Dissociation, 15*(2), 117–132.

42. Paradies et al. Racism as a determinant of health.

43. Williams, D. R., & Mohammed, S. A. (2013). Racism and health I: Pathways and scientific evidence. *American Behavioral Scientist, 57*(8), 1152–1173.

44. Porges, S. (2017). *The Polyvagal Theory*. W. W. Norton & Company.

45. Center for Substance Abuse Treatment. *Trauma-informed care in behavioral health services*.

46. Håkansson, A., & Molin, G. (2011). Gut microbiota and inflammation. *Nutrients, 3*(6), 637–682.

47. Campbell-McBride, N. (2010). *Gut and psychology syndrome: Natural treatment for autism, dyspraxia, A.D.D., dyslexia, A.D.H.D., depression, schizophrenia*. Medinform Publishing.

48. Peirce, J. M., & Alviña, K. (2019). The role of inflammation and the gut microbiome in depression and anxiety. *Journal of Neuroscience*

自愈力

Research, 97(10), 1223–1241.

49. Caspani, G., Kennedy, S. H., Foster, J. A., & Swann, J. R. (2019). Gut microbial metabolites in depression: Understanding the biochemical mechanisms. *Microbial Cell, 6*(10), 454–481.

50. Zheng, P., Zeng, B., Liu, M., Chen, J., Pan, J., Han, Y., Liu, Y., Cheng, K., Zhou, C., Wang, H., Zhou, X., Gui, S., Perry, S. W., Wong, M.-L., Lincinio, J., Wei, H., & Xie, P. (2019). The gut microbiome from patients with schizophrenia modulates the glutamate-glutamine-GABA cycle and schizophrenia-relevant behaviors in mice. *Science Ad vances, 5*(2), eeau8817.

51. Li, Q., Han, Y., Dy, A.B.C., & Hagerman, R. J.(2017).The gut microbiota and autism spectrum disorders. *Frontiers in Cellular Neuroscience, 11*, Article 120.

52. de Cabo, R., & Mattson, M. P. (2019). Effects of intermittent fasting on health, aging, and disease. *The New England Journal of Medicine, 381*(26), 2541–2551.

53. Mattson, M. P., Moehl, K., Ghena, N., Schmaedick, M., & Cheng, A. (2018). Intermittent metabolic switching, neuroplasticity and brain health. *Nature Reviews Neuroscience, 19*(2), 63–80.

54. Watkins, E., & Serpell, L.(2016).The psychological effects of short-term fasting in healthy women. *Frontiers in Nutrition, 3*(7), 27.

55. Walker, M. (2018). *Why We Sleep: The New Science of Sleep and Dreams.* Penguin.

56. Brown, R. P., & Gerbarg, P. L. (2009). Yoga breathing, meditation, and longevity. *Annals of the New York Academy of Sciences, 1172*(1), 54–62.

57. Nestor, J. (2020) *Breath: The new science of a lost art.* Riverhead Books, 55.

58. Hof, W. (2011). *Becoming the Iceman: Pushing Past Perceived Limits.* Mill City Press, Inc.

59. Sullivan, M. B., Erb, M., Schmalzl, L., Moonaz, S., Noggle Taylor, J., & Porges, S. W. (2018). Yoga therapy and polyvagal theory: The convergence of traditional wisdom and contemporary neuroscience for self-regulation and resilience. *Frontiers in Human Neuroscience, 12*, Article 67.

60. Kinser, P. A., Goehler, L. E., & Taylor, A. G. (2012). How might yoga help depression? A neurobiological perspective. *Explore, 8*(22), 118–126.

61. Loizzo, J. (2018, April 17). *Love's brain: A conversation with Stephen Porges.*

Nalanda Institute for Contemplative Science. https://nalandainstitute. org/2018/04/17/loves-brain-a-conversation-with-stephen-porges/.

62. Villemure, C., Ceko, M., Cotton, V. A., & Bushnell, M. C. (2014). In sular cortex mediates increased pain tolerance in yoga practitioners. *Cerebral Cortex, 24*(10), 2732–2740.

63. Porges, S. (2015). Play as a neural exercise: Insights from the polyvagal theory. https://www.legeforeningen.no/contentassets/6df47feea03643c5a878ee 7b87a467d2/sissel-oritsland-vedlegg-til-presentasjon-porges-play-as-neural-exercise.pdf.

64. Porges, S. (2007). The polyvagal perspective. *Biological Psychology*, 74.

65. Neale, D., Clackson, K., Georgieva, S., Dedetas, H., Scarpate, M., Wass, S., & Leong, V. (2018). Toward a neuroscientific understanding of play: A dimensional coding framework for analyzing infant–adult play patterns. *Frontiers in Psychology, 9*, Article 273.

66. Gillath, O., Karantzas, G. C., & Fraley, R. C. (2016). *Adult attachment: A concise introduction to theory and research*. Academic Press.

67. Bowlby, J. (1988). *A secure base: Parent-child attachment and healthy human development*. Basic Books.

68. Leblanc, É., Dégeilh, F., Daneault, V., Beauchamp, M. H., & Bernier, A. (2017). Attachment security in infancy: A study of prospective links to brain morphometry in late childhood. *Frontiers in Psychology, 8*, Article 2141.

69. Bradshaw, J. (1992). *Homecoming: Reclaiming and championing your inner child*. Bantam.

70. Ibid.

71. Hazan, C., & Shaver, P. (1987). Romantic love conceptualized as an attachment process. *Journal of Personality and Social Psychology, 52*(3), 511–524.

72. Carnes, P. J. (1997). *The betrayal bond: Breaking free of exploitive relationships*. HCI.

73. Ibid.

74. Gottman, J. M. (2015). *The seven principles for making marriage work: A practical guide from the country's foremost relationship expert*. Harmony.

75. Gazipura, A. (2017) *Not nice: Stop people pleasing, staying silent & feeling*

自愈力

guilty ... and start speaking up, saying no, asking boldly, and unapologetically being yourself. Tonic Books.

76. Taylor, S. (2017). The leap: *The psychology of spiritual awakening*. New World Library.

77. Miller, L., Balodis, I. M., McClintock, C. H., Xu, J., Lacadie, C. M., Sinha, R., & Potenza, M. N. (2019). Neural correlates of personalized spiritual experiences. *Cerebral Cortex, 29*(6), 2331–2338.

78. Gibson, L. C. (2015). *Adult children of emotionally immature parents: How to heal from distant, rejecting, or self-involved parents*. New Harbinger Publications.

79. Brown, S. (2010) Play: How it shapes the brain, opens the imagination, and invigorates the soul. Avery.

80. Gibson. *Adult children of emotionally immature parents*.

81. Ibid.

82. Taylor, J. B. (2009). *My stroke of insight: A brain scientist's personal journey*. Penguin Books.

83. Cigna. (2020, January 23). *Loneliness and the workplace: Cigna takes action to combat the rise of loneliness and improve mental wellness in America*. https://www.multivu.com/players/English/8670451-cigna-2020-loneliness-index/.

84. Murthy, V. H. (2020). *Together: The healing power of human connection in a sometimes lonely world*. Harper Wave.

85. Antheunis, M. L., Valkenburg, P. M., & Peter, J. (2012). The quality of online, offline, and mixed-mode friendships among users of a social networking site. *Cyberpsychology: Journal of Psychosocial Research on Cyberspace, 6*(3), Article 6.

86. Gottlieb, S., Keltner, D., & Lombrozo, T. (2018). Awe as a scientific emotion. *Cognitive Science, 42*(6), 1–14.

87. Brown, J. (1989). *The Sacred Pipe: Black Elk's account of the Seven Rites of the Oglala Sioux*. University of Oklahoma Press.